JN098383

絶対に
かかりたくない
人のための

ウイルス
入門

ベン・マルティノガ [著]

ムース・アラン [イラスト]

水谷淳 [訳]

ダイヤモンド社

はしがき

ポール・ナース
ノーベル賞受賞の生物学者、
フランシス・クリック研究所所長

　いわゆる"新型コロナウイルス"による感染症（COVID-19）
によって、誰もがウイルスに関心を持つようになった。あな
たもその1人だとしたら、ぜひこの本を読むべきだ。今回
の感染症を引き起こしたSARS-CoV-2コロナウイルスは、
あらゆる人の世界を変えてしまったが、ほとんどの人はウイ
ルスが何ものなのかぼんやりとしかわかっていない。この本
はウイルスのすべてを教えてくれる。地球上でもっとも数が
多く、我々を含む生命の世界にとてつもない影響を与えてい
るこの驚くべき生命体の、必読の入門書である。

　この本を読めばわかると思うが、ウイルスは信じられない

ほど小さいうえに、自身のコピーを何百何千と作って、ほかの生物の細胞に侵入する。いわば究極の寄生体だ！ COVID-19を引き起こすウイルスも、我々の身体に侵入する多くのウイルスと同じく、症状が軽いこともあればときにかなりの重症になることもある。くしゃみや咳をすると飛沫によってウイルスが飛んでほかの人に感染することがあり、その広まり方が速いとエピデミックやパンデミックになりかねない（この2つの違いは85ページで）。

　この本を読めば、コロナウイルスとどう戦えばいいのか、そしてコロナウイルスがどこからやってきたのかがわかるはずだ。だがそれだけでなく、細菌を攻撃して人間への感染力を奪うウイルスや、海中で酸素を作っている細菌を助けるウイルス、さらには気候変動の解決に役立つかもしれないウイルスなど、多くの種類のウイルスについても知ることができる。

　この本は、ウイルスたちの奇妙な世界をめぐる刺激的な冒険の旅のガイドブックだ。すらすら読めるし、ジョークやユーモアが満載だし、いろいろなことを正確に知れるし、イラストも見事だ。我々の免疫系がどうやってウイルスと戦うのか、ワクチンはどうして効くのかを教えてくれるし、将来のパンデミックとよりうまく戦うにはどうすればいいのかも示してくれる。ウイルス、とくにコロナウイルスのことを知りたい人にはお勧めの本だ。

ウイルス学者でフランシス・クリック研究所シニアグルー
プリーダーのジョナサン・シュトイー教授には、本書の科学
アドバイザーとして内容をチェックしていただいた。

　シュトイー教授のコメントは以下のとおり。

「地球上には宇宙の星の数よりもたくさんのウイルス粒子が
存在しているが、ここ6か月、とくにその中の1種類であ
る新型コロナウイルス SARS-CoV-2 が、我々の生活に重
くのしかかっている。この本は、その現状と理由を、誰でも
簡単に読めるよう明解で正確な書きっぷりで教えてくれる」

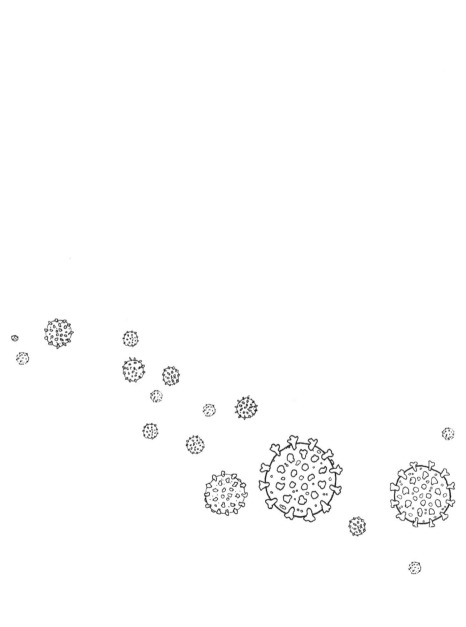

絶対にかかりたくない人のための ウイルス入門

**最新研究×イラスト図解で
超わかりやすいウイルスのすべて**

ベン・マルティノガ [著] ムース・アラン [イラスト] 水谷淳 [訳]

ダイヤモンド社

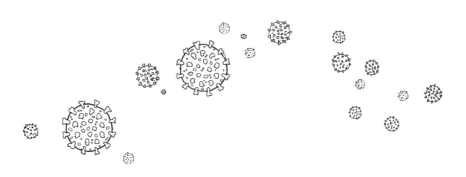

THE VIRUS

by Ben Martynoga, illustrated by Moose Allain

Japanese translation published by arrangement
with David Fickling Books Limited, Oxford
through Tuttle-Mori Agency, Inc., Tokyo

B.M.
ベーダとギルへ。
いつまでも「なぜ」と聞いてくれ。

M.A.
一緒にロックダウンできる最高の家族、
カレン、コナー、スペンサーへ。

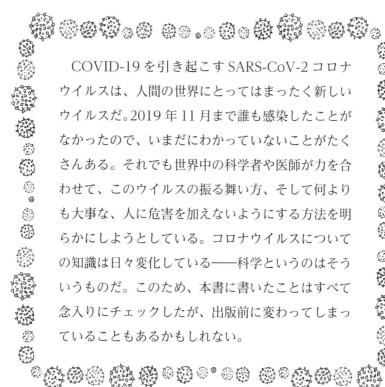

COVID-19を引き起こすSARS-CoV-2コロナウイルスは、人間の世界にとってはまったく新しいウイルスだ。2019年11月まで誰も感染したことがなかったので、いまだにわかっていないことがたくさんある。それでも世界中の科学者や医師が力を合わせて、このウイルスの振る舞い方、そして何よりも大事な、人に危害を加えないようにする方法を明らかにしようとしている。コロナウイルスについての知識は日々変化している──科学というのはそういうものだ。このため、本書に書いたことはすべて念入りにチェックしたが、出版前に変わってしまっていることもあるかもしれない。

絶対にかかりたくない人のための
ウイルス入門

目次

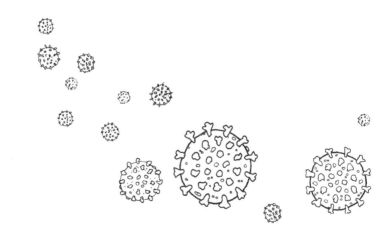

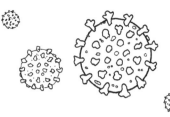

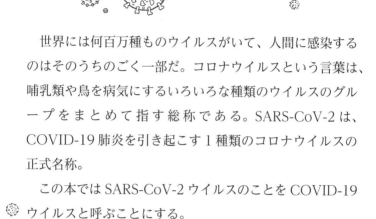

　世界には何百万種ものウイルスがいて、人間に感染するのはそのうちのごく一部だ。コロナウイルスという言葉は、哺乳類や鳥を病気にするいろいろな種類のウイルスのグループをまとめて指す総称である。SARS-CoV-2 は、COVID-19肺炎を引き起こす1種類のコロナウイルスの正式名称。

　この本では SARS-CoV-2 ウイルスのことを COVID-19 ウイルスと呼ぶことにする。

はじめに

ウイルスの
「謎」を探る旅へ

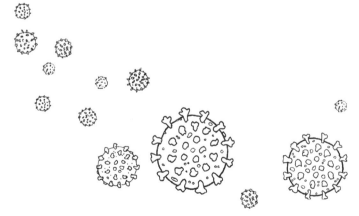

なぞなぞ

塵<ruby>ちり</ruby>よりも小さいのに、

どんなモンスターよりも

恐ろしいものって何？

筋肉もないのに、

人間活動をことごとく止めてしまう

パワーを持っているものって何？

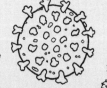

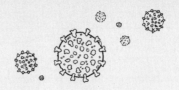

自分では1ミリも動けないのに、
数日で世界中を旅するものって何？

脳もないのに、
どんな科学者よりも
賢いものって何？

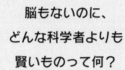

王冠をかぶっているのに、
王様や女王様
じゃないものって何？

　おいおい。そんなわけないだろ。ちっぽけで脳みそもなければ、身をくねらせたり噛んだりもできないお前なんかを、なんで怖がらなきゃいけないんだ？

こら、バカにすんな。オレ様は怖いんだ。2020年に世界中に広まって大パニックを起こしたんだぞ。何百万人も殺して、病院を満杯にして、お前らの世界をほとんどストップさせてやったんだ。

　なるほど。確かに怖いなぁ。お前は邪悪でちっぽけなクズ野郎だ。

オレのせいにすんな。オレは邪悪なんかじゃない。いいか、ただのウイルスだ。ものを考えることもできない。誰も傷つけたくない。何もしたくないのさ。お前たちと比べたら、化学物質でできた小さな塊でしかないんだ。ただいるだけなんだよ。正直言うと、オレもお前たちのことがすごく怖いんだ。お前たちの身体はオレらウイルスを見つけ出して、仕留めて、追い払う達人だって噂じゃないか。

そうさ、僕らのすごい免疫系のおかげさ。しかも、体内に入る前にお前たちを破壊することもできるのさ。石鹸さえあればな！

悔しいがお前の言うとおりだ。実はひとりぼっちだとすごくひ弱なんだ。石鹸なんてやられたら……ぎゃあー！

しかも人間には科学っていうものがあるそうじゃないか。オレたちただのウイルスには何なのか見当もつかない。でもいやなのは確かだ。

　そのとおりさ。科学者がワクチンを開発した日には、お前たちの世界支配計画もおしまいだな。人を痛めつけるほかのウイルスたちにも言ってやれ。覚悟しておけってな。

調子に乗りすぎだぞ。第一に、オレたちウイルスは
どこにでもいる。海、森、砂漠、熱湯を吹き出す間
欠泉、もちろんお前の寝室にも。どんな生き物にだ
って感染できるし、包囲して数で圧倒することもで
きる。お前にもだ！　でも信じられないかもしれな
いが、実はお前たちが呼吸している空気や、植物が
育つ土を作る手助けもしているんだ。オレたちを殺
し尽くしたら、生き物の世界は一巻の終わりだぞ。

第二に、確かにウイルスの中には、卑劣で人間や生
き物を痛めつけるものもある。でも怖がりすぎるん
じゃない。世界中のウイルスの中で人間に感染する
のはごく一部だし、中にはお前の健
康に役立っているものもあるのさ。
そもそもオレたちには、厄介な人間
どもを地球上から一掃するつもりな
んてないんだ。

　わけがわからないって？　無理もない。ウイルス
は謎だらけだ。悪者でしかも正義の味方だって？
人を殺す一方でこの世界に欠かせないって？　そん
なに小さくてひ弱なのに、どうしてこんなパニック
を引き起こせるんだ？　ただの化学物質の塊なのに、
どうして賢いなんて言えるんだ？

　さぁ、そんな謎だらけのウイルスの正体を探って
いこう。僕らはウイルスやそれが引き起こす厄介な
病気と共存するしかないんだから、ウイルスが何も
のなのか、どうやって生きていてどうやって広まる
のか、できるだけ知っておいたほうがいい。

サガルマータ／チョモランマ（エヴェレスト山）

標高8,848 ㍍

もし  が  と
同じ大きさだったら、人間はこんな大きさ。

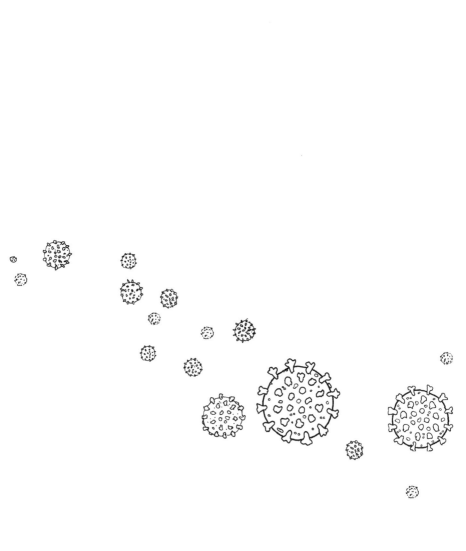

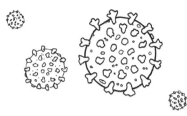

第1章

ウイルスって いったい何？

どうしてこんなちっぽけなものが 僕らを困らせるの？

　ウイルスがすごく小さいってことはわかったと思う。でも「小さい」なんて言葉じゃとうてい足りない。ウイルスは気が遠くなるほどちっぽけなんだ。

　明かりに手をかざしてごらん。指に生えているすごく細い毛が見えるかい？　人間が虫眼鏡なしで見ることができる一番細いものだ。この毛を50本、束にして並べても、1mmにしかならない。それだけ細い毛だけれど、ウイルスに比べたら巨大だ。

　コロナウイルスが1個飛んできてこの毛にくっついたとしたら、その様子は巨大なナラの古木にノミが飛びついたみ

たいなものだ。

　じゃあ、実際にそんなふうにコロナウイルスを巨大化させてみよう。すると君の身体はどのくらいの大きさになるだろうか？　ウイルスの実際の大きさは 100 nm（ナノメートル）*。これをノミの大きさ（1.5 mm）に拡大させると、大きさが 1 万 5000 倍になる。君の身体もそれと同じ倍率で拡大させると、ふつうの世界で身長 1.5 m の君は、この巨大化世界では身長 22.5 km になってしまうんだ！

　頭は成層圏を突き抜けて、エヴェレスト山の 3 倍近い高さに達する。飛行機がうっかりぶつかってきて怪我するかも。

　そこで、ウイルスにまつわる一番謎めいていて、わけがわからない疑問が浮かんでくる。頭が雲を突き抜けてしまうような巨人が、どうしてノミなんかに噛まれて、熱で寝込んでしまうんだろうか？　どうしてそんな巨人が死んでしまうことすらあるんだろうか？

　ウイルスは最強の毒よりも危険じゃないかと思った君、正解だ。すぐに食い止めないとそのとおりになってしまう。

　そのからくりを教えよう。ウイルスはどんな毒とも違って、

＊ 1 nm はとてつもなく小さい。1 mm の 100 万分の 1 だ。

身体の中に入ると猛烈に増えるのだ。ウイルスは増えるために存在していると言ってもいい。がむしゃらに増えていって、1個のウイルスがものの数日で何億個ものコピーに増える。そしてそのコピーが身体中に散らばって、病気を引き起こしたり、下手したらほかの人に感染したりするのだ。

　怖そうだって？　正直僕も怖い。でもあきらめないでくれ。僕ら巨人はすごい反撃手段を持っているんだから。でもその防御システムの話をする前に、ウイルスがいったい何ものなのかを見ていこう。

　第一に、ウイルスは細胞じゃない。

　僕らの身体は細胞でできている。何十兆個もの細胞が一緒に働いて、心臓や肺、脳や皮膚などありとあらゆる器官を作っている。そして1個1個の細胞は、それ自体が小さな生き物みたいなものだ。

　ウイルス以外の生き物はすべて細胞でできている。動物や植物や多くの菌類はたくさんの細胞でできていて、細菌などの微生物はたった1個の細胞でできている。細菌やカビ、原生生物*やウイルスなど、人間に感染して病気を引き起こすものを、まとめて**病原体**と呼んでいる。ウイルス以外の病

＊原生生物は、植物や動物、細菌やウイルスとは別の生物。粘菌や藻類、そしてマラリアを引き起こすさまざまな病原体を含む。

原体もすべて細胞でできている。

　ウイルスは細胞よりも単純なだけでなく、自活できない。細胞は自身の部品を作ったり、必要なエネルギーを生み出したり、自分自身を丸ごとコピーしたりできる。でもウイルスは、少なくとも自力ではそういうことはできない。そこで代わりに、究極の寄生体という道を選ぶ。感染したほかの生物の細胞に頼り切って、生き延びたり増殖したりするのだ。

　COVID-19 ウイルスは、ウイルスとしてはかなりありふれたものだ。中心には遺伝子が糸のように連なっている。それらの遺伝子はコンピュータプログラムにたとえられる。ちょうど、ロボットがそのプログラムの指示どおりに動作して、もう1台ロボットを組み立てて起動させるようなものだ。人間のような大きくて複雑な生物を組み立てて起動させるには、たくさんの遺伝子が要る。そのため君の細胞1個1個の中には、遺伝子で書かれた"マニュアル"が約22000個も入っている。

　僕らを含めほとんどの生物、そして多くのウイルスの遺伝子は、デオキシリボ核酸という化学物質でできている。ちょっと長ったらしい名前なので、ふつうは縮めて DNA と呼んでいる。コロナウイルスの遺伝子は、DNA に似たリボ核酸（RNA）という化学物質でできている。ウイルスの遺伝子は

人間よりもずっと少なくて、COVID-19 ウイルスではたった 29 個。でもそれだけで、感染した細胞を完全に支配して、新しいウイルスを大量に作る方法を正確に指示できるんだ。

オレが何でできてるか、とくと見てくれ……

外殻：エンベロープは、脂質という油に似た物質でできた球形の泡。この膜に、**スパイクたんぱく質**、**エンベロープたんぱく質**、**膜たんぱく質**という3種類のたんぱく質が突き刺さっている。

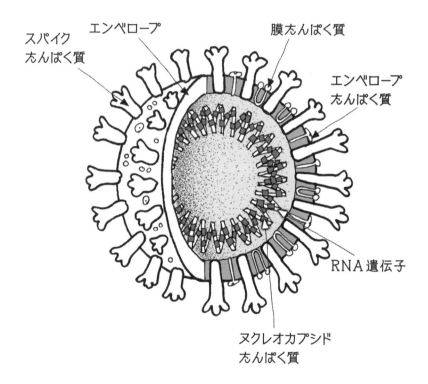

内部：一番大事な遺伝子は、とてつもなく細長い **RNA** 分子の一部分を占めている。RNA は**ヌクレオカプシドたんぱく質**にぐるぐる巻きついて、ウイルスの中に収まっている。

　コロナウイルスが石鹸に弱いのは、石鹸が脂質をよく溶か
してエンベロープを壊してしまうからだ。ウイルスのエンベ
ロープを形作っている脂質は、僕らの身体の細胞 1 個 1 個
を包んで守ってくれている膜の材料とまったく同じ。でもウ
イルスの中には、外殻に脂質が含まれていなくてたんぱく質
だけでできているものもある。何でできているにしても、外
殻はウイルスの遺伝子を守っていて、特徴的な形をしている。

オレの王冠のこと知りたいだろ？

　そうだな！

　コロナとはラテン語で「王冠」のこと。強力な顕微鏡で初
めてコロナウイルスを観察した科学者は、輪っかのようなも
のから突起がたくさん出ているのに気づいた。目を細めると
それが王冠みたいに見えたんだ。
　その突起が、コロナウイルスが生きるにはとてつもなく重
要だ。家の鍵は 1 つの鍵穴にしか刺さらない。それと同じ
ように、ウイルスが細胞の"扉を開いて"侵入するための手

段も、種類ごとにそれぞれ違うのだ。

　COVID-19ウイルスで鍵に相当するのが、スパイクたんぱく質。鍵穴に相当するのは、このウイルスが好む細胞の外側に出ているたんぱく質で、科学者はACE2受容体（じゅようたい）と呼んでいる。僕らの身体の中にある細胞の多くは、それを取り囲む膜にACE2が埋め込まれている。鼻やのど、気管や肺の細胞もそうだ。だからCOVID-19ウイルスは、たいてい最初にこれらの場所に感染しようとする。

　コロナウイルスはすごく小さいので、簡単に人の気道の中に入り込める。何か感染しているものに触れると、皮膚にウイルスがつくかもしれない。その手で顔を触ると、指についていたウイルスが口や鼻につくことがある。または、感染者の咳で空気中に漂ったウイルスを吸い込んでしまうこともある。そうして体内に入ったコロナウイルスが、ACE2を持っている細胞にたまたまぶつかると、スパイクの"鍵"がACE2の"鍵穴"にぴったり刺さってしまう。そして厄介なことが始まる。

　"鍵穴"があるといっても、実際にそこに"扉"がついているわけじゃない。そこでコロナウイルスは、"鍵"を使って正しい細胞かどうかを確かめたうえで、細胞膜に穴を開けて自分の膜と細胞の膜を融合させる。そしてRNA遺伝子を細胞に直接注入する。ぎゃあー！

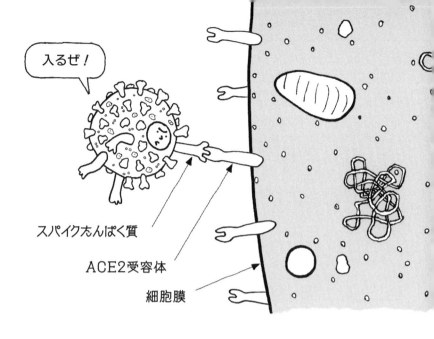

入るぜ！

スパイクたんぱく質

ACE2受容体

細胞膜

　見知らぬ人が家に押し入ってきたら、誰でも慌てふためく
はずだ。でも細胞の場合、ウイルスに侵入されるととくにシ
ョックが大きい。細胞の運命が永遠に変わってしまうからだ。
それどころか、次の章で話すように二度と立ち直れない細胞
もある。

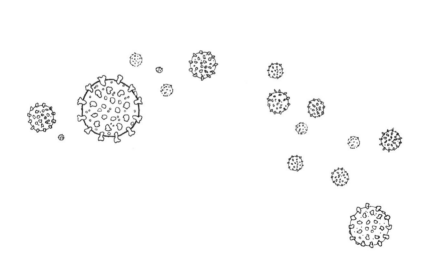

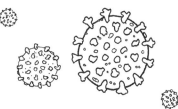

第2章

究極の
ハイジャック

ウイルスはどうやって
僕らの細胞を乗っ取るの？

　いまから魔法をかけてあげよう。覚悟はいいかい？

　僕らの身体をコロナウイルスと同じくらいの大きさにまで縮めるんだ。もとの大きさの1500万分の1、細胞1個の約100分の1の大きさになる。そうすれば、誰かののどの内側にある細胞の中に入って、ウイルスの活動の様子を見ることができる。しっかりつかまって。ちょっと揺れるから。

　準備OK？　シュリンクマシンに乗ると変な気分になる。めまいがしそうだ。

こびとさんよぉ、誰がちっぽけだって？

ごめんなさい……

　見上げてごらん。頭の上に細胞の外層が広がっていて、まるで透明な巨大ドームの中にいるみたいだ。このドームの表面を細胞膜という。内側から見ると、分厚くて弾力のある透明のプラスチックのようで、厚さはこぶし1つ分くらい。身体が縮む前だったら細胞はとてつもなく小さいが、いまは僕らはウイルスと同じくらいの大きさになっているので、細胞の端から端まではサッカー場の縦の長さくらい、ドーム屋根の高さは30階建てのビルくらいある。

　そして中は大騒ぎだ！　いろんなことが

起こっている。まわりのあらゆるものが
動いたり揺れたりしているみたいだ。
1個1個の分子も見える。しずく
形や、からまった糸の形など、
ありとあらゆる形の分子がびっ
しりだ。

　僕らの身体はものすごく縮
んでいるが、それでもほとん
どの分子は僕らよりも小さく
て、あちこち飛び回ってはぶ
つかり合っている（ぶつけら
れないよう気をつけて！）。しか
もつねに化学反応が起こって、分子

は変化している。細胞はいつも大忙しだ。新しい部品を作ったり、壊れたところを修理したり、エネルギーを生み出したり、ごみを外に捨てたりしている。そうやって細胞が働きつづけているおかげで、僕らは健康でいられるんだ。

おっ、あそこを見てごらん！　コロナウイルスが侵入しようとしているじゃないか。細胞膜に穴を開けて、自分の膜と融合させようとしているぞ。

ウイルスはそうやって細胞と融合することで、自分の

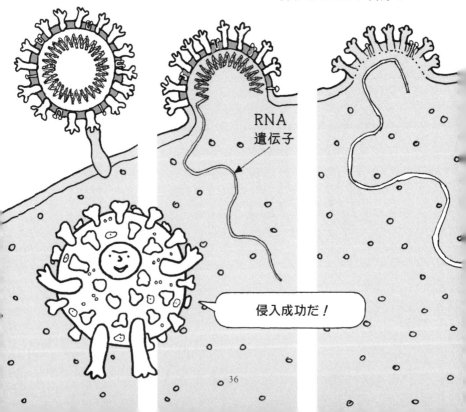

RNA
遺伝子

侵入成功だ！

RNA 遺伝子を注入する。小さい石鹸泡が大きい泡とくっついて、1 つの大きい泡になるのと同じだ。

　そうすると、ウイルスの外側のエンベロープが開いて、中に入っていた RNA、ウイルスを作るのに欠かせないあのマニュアルが、細胞の中に入ってくる。気をつけろ！　遺伝子の長い糸がこっちに向かってくねくね近づいてくるぞ。太くてとてつもなく長いヘビみたいだ*。この遺伝子のヘビは、まるで自分の役割がわかっているみたいだ。

　もう気づいているかもしれないが、細胞の奥深くでは、ビーチボールくらいの大きさのものがたくさん忙しく動き回っ

＊身体が縮んだ僕らにとっては、太さ約 3 cm、長さ約 135 m もあるように見える。

ている。ウイルスの RNA はそのビーチボールの 1 つにまっしぐらに向かっていく。このビーチボールは**リボソーム**といって、あらゆる細胞が生きるうえで欠かせない役割を果たしている。いま僕らが中にいるこの細胞でもそうだ。

リボソームの働きは 3D プリンターにちょっと似ている。情報を受け取って、何か機能を持った 3 次元の物体を作るのだ*。ただしその情報はコンピュータコードではなくて、遺伝子に記録されている遺伝コードだ。

リボソームが"プリント"するのはたんぱく質分子。たんぱく質は細胞の中で一番の働き者なので、どんな生物にとってもたんぱく質はどうしても必要だ。1 個の細胞には何千種類ものたんぱく質が入っている。たんぱく質分子は、構造を作ったり、化学反応をコントロールしたり、信号を送ったり受け取ったり、エネルギーを生み出したり、ごみをリサイクルしたりと、いろんな働きをしている。

ウイルスにとってもたんぱく質は必要だ。コロナウイルスは、RNA 遺伝子とエンベロープの脂質のほかはたんぱく質でできている。いま僕らが中にいるこの細胞にコロナウイルスが感染したのは、自分自身を複製して新しいウイルスを大量に作るためだ。でもそこで 1 つ問題がある。コロナウイ

---

*リボソームが作るのは長い鎖のようなたんぱく質分子で、それが折りたたんで 3
　次元の形になる。セロハンテープがからまってボールみたいになるのに似ている。

ルスを含めどんなウイルスも、自前でリボソームを持っていないので、自分ではたんぱく質を作れないのだ。そこで代わりに、細胞のリボソームに自分のたんぱく質を作らせる。

　見てごらん。ウイルスの RNA ヘビがリボソームに取りついたぞ。リボソームは歓迎しているようだ！　まるで長いスパゲッティを小さいおちょぼ口で吸い込んでいるみたいに、ウイルスの遺伝子を飲み込んでいる。するとリボソームのてっぺんから、新しいたんぱく質分子が徐々に姿を現してきた。でもそのたんぱく質は、細胞が欲しがっているものじゃなくて、ウイルスが必要としているものなんだ。

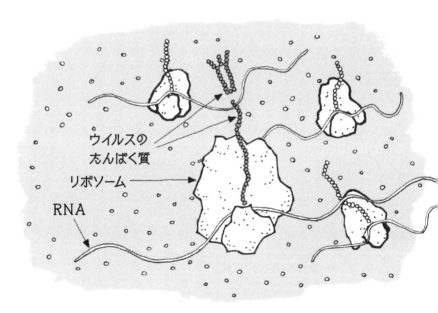

ウイルスの
たんぱく質

リボソーム

RNA

このリボソームはウイルスの遺伝子を読み取って、新しいたんぱく質を作り出している。まずは2つの大きいたんぱく質分子を作ってから、それを切り刻んで16個の小さいたんぱく質分子にする。するとすぐにそれらのたんぱく質が、細胞の機能を乗っ取っていく。最初にやるのは、細胞にウイルスのRNA遺伝子を大量にコピーさせることだ。

　新しいウイルスを1個作るごとに、RNA遺伝子が一揃え丸々必要だ。でも、ウイルス自身では遺伝子のコピーを作れない。そこで、新しく作ったウイルスたんぱく質の出番だ。このたんぱく質が細胞に言うことを聞かせて、ヘビのようなRNAの糸を何十本も紡ぎ出すよう仕向けるのだ。そうして新しくできたRNA分子のうちの何本かは、遺伝子を一揃え持っていて、最終的に新しいウイルスの中に収まる。じゃあもっと短いRNAは何のためにあるの？

　見てごらん。新しくできた大量の短いRNA分子があちこちに散って、ほかの何十個ものリボソームを探しに行ったよ

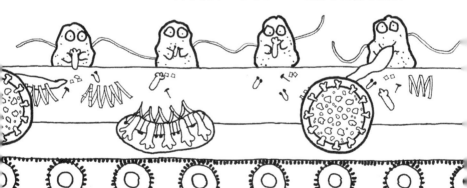

うだ。そしてそれらのリボソームにも、ウイルスのたんぱく質を大量に作れと指示している。というのも、新しいウイルスを作るには、新しいスパイクたんぱく質、ヌクレオカプシドたんぱく質、エンベロープたんぱく質、膜たんぱく質が大量にないといけないからだ。

　ちくしょう！　僕らの目の前で、ウイルスがのどの細胞を一変させてしまった。まるで、頭のおかしい新たな上司が工場に怒鳴り込んできて、力尽くで言うことを聞かせているかのようだ。作る製品が様変わりしただけじゃなくて、とんでもなく高い生産ノルマも科されてしまった。ウイルスのたんぱく質の中には、細胞の正常な活動に干渉するようにできているものもある。それがあまりにも有効なので、細胞はすぐに全速力で働き出して、エネルギーや材料、そして働き手であるたんぱく質のほとんどをウイルスの悪巧みに差し出してしまうのだ。

　このハイジャックはあまりにも手際がいいので、ウイルス

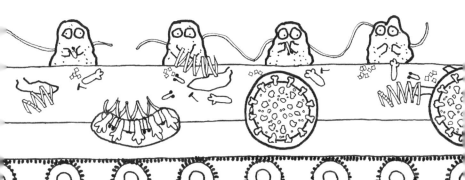

の侵入前にのどの細胞がやっていた仕事はほぼ完全にストップしてしまう。今朝はのどの内側を保護していたというのに、いまではそんなことはおざなりになってしまった。新しいウイルスのもとになるたんぱく質を大量生産しているのだ。

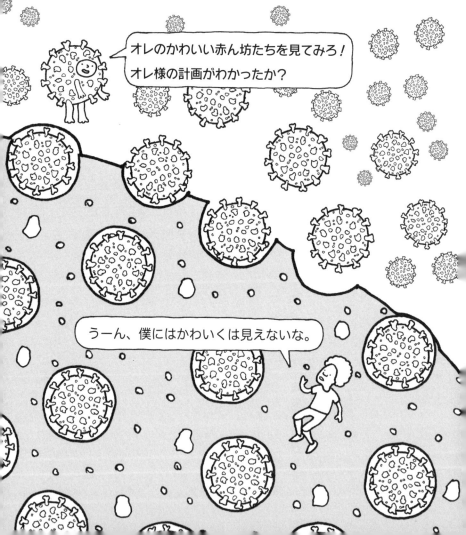

オレのかわいい赤ん坊たちを見てみろ！
オレ様の計画がわかったか？

うーん、僕にはかわいくは見えないな。

　コロナウイルスが感染して細胞を乗っ取り、できたてほや
ほやのウイルス第 1 弾が出てくるまでに、約 10 時間かかる。
できたウイルスはどれも、最初にその細胞に感染したウイル
スとまったく同じものだ。そしてそこから 12 時間ほどのあ
いだに、僕らの目の前で次々とウイルスが作られていく。不
吉なとげを生やした不気味な球体だ。

　細胞は新しくできたウイルスを外に放つために、わざわざ
包装までしてあげる。1 個 1 個のウイルスを、さらに脂質膜
の泡でくるむのだ。そしてその死の小包を外層まで運んで、
包装用の泡を細胞の外膜と融合させ、新しいウイルスを世に
送り出す。

　まずい！　逃げたほうがいい！　この細胞は悲鳴を上げて
るぞ。わかっている限り、コロナウイルスに感染したすべて
の細胞がすぐさま死ぬわけではないが、中には確かに死んで
しまうものもある。この細胞は間違いなくどんどん弱ってい
る。僕らのいる内側から溶けはじめているぞ！　巻き添えに
なるのはごめんだ。シュリンクマシンを逆回転させるんだ。
急げ！

ふぅー、危ないところだった。

　とんでもないものを見てしまった。たった1個の小さな
ウイルスがのどの細胞に押し入って、たった24時間で支配
して、新しいウイルスを1̇0̇0̇0̇個̇も̇作らせたんだ。ウサギで
もそんなに速くは繁殖できない。

　考えてみて。新しくできたその1000個のウイルスが散ら
ばっていって、それぞれ別の細胞を襲ったら？　または咳と
一緒に身体から出ていって、それを別の人が吸い込んだら？
それらのウイルスが全部別々の細胞に感染して、同じことを
繰り返すんだ。次々と、次々と……。

たったの1日ですげぇだろ？

　まずいな。厄介なことになりそうだ。

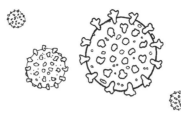

第3章

暴れ回る
ウイルス

どうやって僕らの身体を
痛めつけるの？

　外にひとりぼっちでいるウイルスは、捨てられた小さな紙袋みたいに、自分では何もできない。誰かの体内に入って感染させるのをただ待っているだけだ。でもひとたび体内に入ると活動を始め、僕らの細胞を使って恐ろしい効率で自身を複製していく。その瞬間から僕ら人間は、やるかやられるかの戦いに突入する。ウイルスがあっという間に、1個1個の細胞の働きだけでなく、器官全体や身体全体に手を伸ばして乗っ取っていくんだ。

　どうしてウイルスにそんなことができるんだろう？　そこでまずは、人間がどうやって増えるのかに注目して、ウイル

スの猛烈な増殖スピードと比べてみよう。

　人間の夫婦がそれぞれ子供を２人ずつ作るとしたら、次の世代は人が置き換わるだけで、基本的に人口は変わらない。でもそれぞれの夫婦が子供を４人ずつ作ったら、次の世代には人口は２倍になる。子供が２人の場合、第２世代の人口は第１世代と変わらないので、**人口増加率（増殖率）は１**となる。一方、子供が４人の場合には、子供の人数が親の２倍になるので、**人口増加率は２**となる。

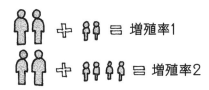

　COVID-19ウイルスが１つの世代で何個のウイルスを新たに作るのか、その正確な数はまだわかっていない。でも、かなり近縁の別のコロナウイルスの場合、感染した細胞１個あたり1000個ものウイルスが作られることはわかっている。つまり、それぞれの世代が１つ前の世代の1000倍になるのだ！　だから、これらのウイルスの**増殖率は1000**となる。

　人間やウイルスなどがこのように世代ごとに何倍にも増えていくことを、**指数増殖**という。多くのウイルスのように増

殖率が高いと、爆発的なスピードで増えてとんでもない数に
なりかねない。

　増殖率によってどんな違いが出てくるかを見るために、人
口 100 人の町を思い浮かべてほしい。夫婦が 50 組できて、
各世代でそれぞれの夫婦が子供を 4 人ずつ作る。増殖率は 2
だ。すると、4 世代で人口は次ページの図のように変わって
いく（1 人も死なないし、町から出ていくこともないとす
る）。

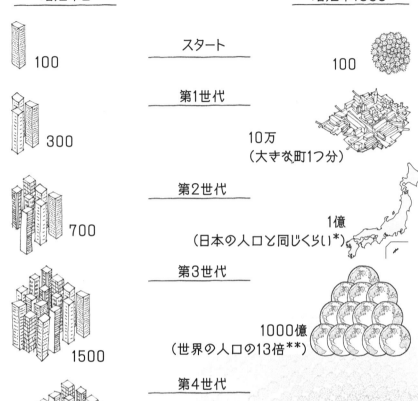

人間 増殖率2		ウイルス 増殖率1000
100	スタート	100
300	第1世代	10万 （大きな町1つ分）
700	第2世代	1億 （日本の人口と同じくらい*）
1500	第3世代	1000億 （世界の人口の13倍**）
3100	第4世代	100兆

*日本の人口は約1億3000万。
**世界の人口は約78億（増えつづけている）。

とんでもない違いになるだろ？

何とたった 1 回増殖しただけで、ウイルスの数は人間の大きな町の人口くらいになる。そして次の世代には、日本の人口と同じくらいになるのだ！　それがさらに増殖すると、世界中の全人類の 13 倍。その次はとんでもない数になる。100 兆個にもなってしまうんだ。

こんな巨大な数を理解するには、人間の身体を作っている細胞に目を向けるといい。平均的な成人は 37 兆個の細胞でできている。ということは、ウイルスはたった 4 回増殖しただけで、身体のすべての細胞に感染して殺せるだけの数になってしまうのだ。しかも 1 回殺すだけでなく、3 回近くも殺せてしまう。

さらにウイルスは、たった数世代でというだけでなく、またたく間にとてつもない数になる。人間の 1 世代が約 30 年だとしたら、人口が 100 から 3100 に増えるのに 120 年かかる計算になる。それに対してコロナウイルスは、24 時間ごとに新たな世代のウイルス 1000 個を生み出すことができる。そのためあっという間に増えて、さっきの図で見たとおり、たった 4 日間でとんでもない数になるのだ。

ノミのようにちっぽけなウイルスが、山よりも高い巨人にどうやって取りついて倒せるのか、だんだんわかってきたと思う。

な？　オレがどうして最強コロナウイルスって呼ばれてるかわかったろ？　逃げるならいまのうちだ！　それからオレをノミなんかにたとえるのはやめろ。

　いいや、あきらめるのはお前のほうだ。数が多いだけでいい気になるなよ。

　そもそも 100 兆という数はただのたとえにすぎない。実際には、コロナウイルスがこんなに速く増殖して人間の身体をやっつけることはできない。感染したすべての細胞がウイルスの指示に忠実に従って、新しいウイルスを 1000 個作るなんてことはないのだ。とくに、身体や細胞自体が対ウイルス防御システムを発動させてしまえば、そんなことは起こらない。しかも、新しく作られたすべてのウイルスが細胞を見つけて感染させられるわけでもない。肺や気管には保護粘液の薄い層が張られていて、病原体が細胞に侵入するのを防いでいる。さらに、コロナウイルスは ACE2 の "鍵穴"（29 〜 30 ページ）が表面についている細胞にしか感染できないが、僕らにとっては幸いなことに、すべての細胞に ACE2 の鍵穴がついているわけじゃない。

　侵入して増殖を始めたコロナウイルスは、COVID-19 を引き起こす。わかりやすいように、それを 3 つのフェーズに分けて見ていこう。でも次のことは覚えておいてほしい。ほとんどの人はフェーズ 1 かフェーズ 2 で回復して、命に危険がおよぶフェーズ 3 に進んでしまうのは一部の人だけだ。

フェーズ 1：症状が表れない潜伏期間

　ウイルスが引き起こす病気のほとんどは、最初のうちは症状が出ずにゆっくりと進行する。COVID-19 もそうだ。ウイルスの中にはこの**潜伏期間**が短いものもある。たとえばインフルエンザは、感染してからたいてい約 2 日後に気分が悪くなりはじめる。逆に潜伏期間が長いウイルスもある。エプスタイン＝バール・ウイルスが引き起こす腺熱（伝染性単核球症）は、潜伏期間が平均約 1 か月だ。COVID-19 はふつう、ウイルスに感染してから約 5 日後に発症するが、潜伏期間が 14 日以上になることもある。

　変だと思うかもしれないが、ウイルスの感染がかなり進んで、何千個や何万個もの細胞が感染して侵されていても、君自身は体内でウイルスが増殖していることにいっさい気づかないことがある。COVID-19 ウイルスの場合も、感染者の

多くがほとんど体調を崩さないようだ。このような人のことを“潜在キャリア”という。幸いにもほとんどの子供は、COVID-19ウイルスに感染しても潜在キャリアのままらしい。大勢の子供が感染しているが、たいていは軽い風邪くらいの症状しか出ないのだ。

多くの人でCOVID-19がかなり軽症で済む理由は、まだよくわかっていない。免疫系が発症を防ぐしくみに関係があるのかもしれない。でも覚えておいてほしい。COVID-19ウイルスが好んで感染する気管や肺は、表面積がすごく広いのだ。

人間の肺には空気の入った管やくぼみがものすごい数あって、まるでスポンジみたいだ。そしてそれはすべて細胞でできている。家ではやらないほうがいいが、成人の肺の内側をどうにかして平らに広げたとすると、テニスコート半面分にもなるんだ！　だから、コロナウイルスがたくさんの細胞に感染してダメージを与えても、ほかにまだまだ正常な細胞がいっぱいあるから、運がよければ何も感じないのだ。

こんなに肺が大きいのに、どうしてすぐ息が切れるんだ？

フェーズ２：気分が悪くなりはじめる

　COVID-19 が第２フェーズに進んでふつう最初に表れる徴候は、一見どうということのない、のどにからむような乾いた咳だ。でも実際には体内でウイルスがかなりのダメージを与えていて、それで病気に気づく。鼻やのど、気管や肺の

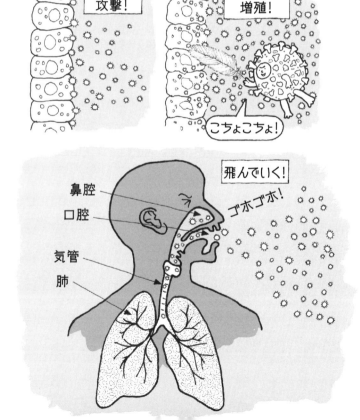

内壁の細胞をたくさん殺したウイルスは、神経細胞の末端を文字どおりくすぐりはじめる。その神経の刺激によって咳が出るのだ。

　初めのうちは気にならない。咳なんて、肺や気管から異物を外に出すためにいつもしていることだ。ウイルスにとっても願ったり叶ったり。咳が出るたびに、無数のウイルス粒子が身体の外に飛び出して、まったく別の巨人に感染するチャンスが生まれるのだ。

　でもウイルスが指数増殖しつづけると、ダメージがひどくなっていって、ウイルスが肺の奥のほうまで広まっていく。咳が痛みを伴うようになるし、抑えられなくなる。いまのところ理由はわかっていないが、それとともにかなりの人が臭いや味を感じなくなる。またほとんどの場合、高熱が出て疲れや痛みを感じ、気分が悪くなる。そのため COVID-19 は重いインフルエンザそっくりに思えるかもしれないが、実はその原因はまったく違うのだ。

最初はオレをノミにたとえておいて、今度は遠い親戚のインフルエンザにたとえるのかよ。次は何にたとえるつもりだ？　言っておくがオレ様はオンリーワンなんだぞ。

　確かにオンリーワンだな。

フェーズ 2 は確かに厄介だが、ほとんどの人は回復する。2 週間か、ときにはそれ以上はかなり気分が悪いかもしれないが、やがては治っていく。高齢者のほうが悪化しやすいが、100 歳以上でも回復した人は大勢いる。

でもフェーズ 2 で回復しないと、もっとずっとひどいことになる。

フェーズ 3：命の危機

このウイルスにまつわる最大の謎の 1 つが、感染したことに気づきすらしない人がいる一方で、突然重症化する人もいることだ。重症化するリスクが高い人と低い人がいる。だから、高齢者や、もとから健康状態に問題のある人、たとえば心臓や肺の病気にかかっている人、肥満の人、糖尿病患者などが感染しないように、できる限りの対策を取らないといけない。

フェーズ 3 はかなり危険だ。ウイルスで大きなダメージを受けた肺の内部には、液体やウイルスの残骸や死んだ細胞が溜まっていく。それがかなり増えると、うまく呼吸できなくなる。そうして肺炎にかかり、血液に十分な酸素を取り込めなくなる。この段階まで進行してしまった人はすぐさま入院だ。体内に酸素を供給する人工呼吸器を装着するしかない

場合もある。

　肺や気管の中でウイルスが大量に増えると、血液の中に入って身体のほかの場所にも移動しはじめる。血液自体に悪影響を与えて危険な血栓を作ることもあるし、血管や心臓や腎臓、肝臓や腸、さらには脳にダメージを与えることもある。ACE2の鍵穴を持っている細胞は身体のどの部位にも多少はあるので、ウイルスはどこにでも侵入できる。

　ここまで来るとかなり重症で危険な状態になり、集中的な処置が必要となる。それでもだめで、残念ながら回復しない人もいる。COVID-19の治療法はまだないので、できる限りの処置を施しても、ウイルスに感染した人の一部は命を落としてしまうのだ。

　変だと思うかもしれないが、ウイルスが引き起こす病気に伴う深刻な症状の中には、ウイルス自体の影響でないものもある。COVID-19でも、一番深刻な症状や、フェーズ2の発熱のようなもっと軽い症状のいくつかは、感染に対する身体の反応が引き起こしているのだ。

　でもウイルスの悪影響が感じられるずっと前から、身体は早くも反応をする。肺や気管の細胞が感染したことを警報で知らせて、身体自体が用意している救急車を呼ぶのだ。

いざ、救急車の出動だ。

ぎゃっ。いやなサイレンが聞こえてきたぞ。

覚悟しろ。免疫系は手強いぞ。

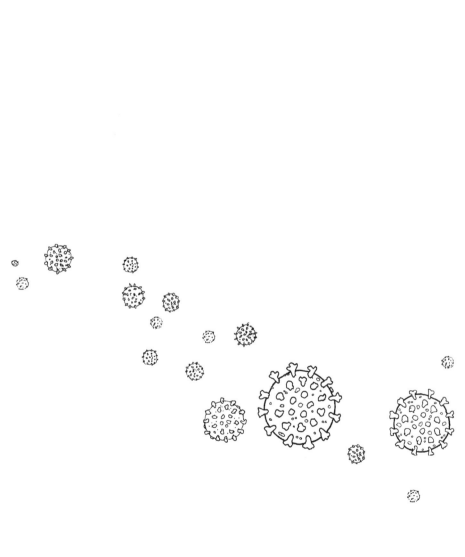

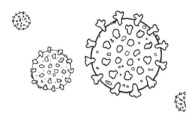

第4章

出動せよ！
免疫系!!

君の身体に備わっている
宇宙ーすごいシステムって？

　ウイルスの前に立ち塞がるのは、宇宙一すごいシステム、免疫系だ。何歳の人であっても、自分の免疫系に命を助けられた経験があるのは100%間違いない。しかも何度も何度も。運悪くCOVID-19ウイルスに感染してしまっても、今度も免疫系が活躍してくれるだろう。君はわざわざ免疫系に感謝することなんてないだろうが、ぜひ「ありがとう」ってねぎらってあげてほしい。

　驚異の免疫系は、実は1つではなくて、何千億個もの細胞でできている。その細胞を白血球という。白血球は、侵入してきた病原体を飲み込んだり、破壊したり、能力を奪った

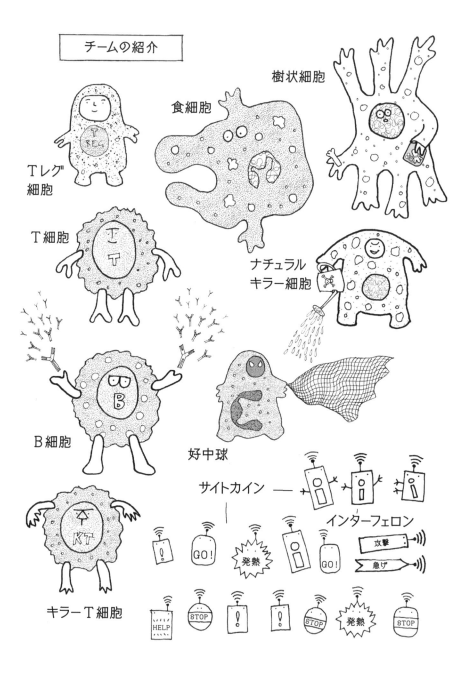

りと、すごいパワーを持っている。形や大きさはさまざまで、身体のほぼすべての組織や器官に散らばっている。

　免疫系を司る脳のようなものはどこにもないが、それでも驚くことにすべての細胞が、まるできちんとオイルを差した機械の部品のように一体となって働く。さらに免疫系には目に相当するものもないが、それでも身体全体をつねに監視している。そしてダメージや危険、またはちょっとした異常を見つけると、免疫系全体がすぐさま活動を開始する。

　ウイルスに感染すると自分の体内で何が起こるのか、ぜひ一目見てみてほしい。すごいから!　何千種類もの免疫細胞が身体中を行き交う様子はまるで、訓練を積んだ警察や消防や救急の大部隊が、重大な犯罪や事故や自然災害の現場に急行するかのようだ。さらに、マンガに登場するようなスーパーヒーロー何人かがそれを後ろから助けている。

　その各種免疫細胞は、身体中をめぐりながら、化学シグナルという独特の言葉を使って絶えずおしゃべりしている。中でも一番重要な化学シグナルが、**サイトカイン**というたんぱく質分子だ。

　体内では30種類以上のサイトカインが作られていて、それぞれが免疫細胞に決まった指示を伝える。短い距離にしか届かずに、そばにいる細胞にだけ指示を伝えるようなサイトカインもある。逆に、血流に乗って広い範囲にメッセージを

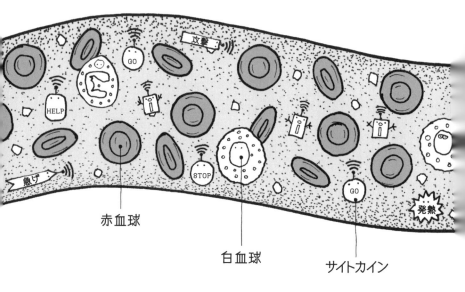

赤血球

白血球

サイトカイン

伝え、新たな脅威の襲来を別の細胞に知らせたり、援軍を呼んだり、作戦変更を提案したりするサイトカインもある。

　免疫系の各種細胞は、このように化学シグナルを使ってつねにおしゃべりをすることで、そのときどきの怪我や感染にどうやって対応すべきかを自分たちで導き出すのだ。

　免疫細胞は互いに協力しあって、見慣れない侵入者が無害か有害かを見極める。食べたばかりのチーズとピクルスのサンドイッチの栄養か、それとも、そのサンドイッチの端っこに生えていたカビの中に潜む病原体かを判断するのだ。そして問題ありと判断したら、一番よさそうな対処法を導き出す。

　でも、免疫系を働かせるには大量のエネルギーが必要なので、身体は免疫系のパワーを必要以上に発揮させたくはない。

そこで、そもそも体内にウイルスなどの病原体が入らないよ
うに、できる限りの対策をしている。

ちっぽけな微生物にとっては、皮
膚はまるで鉄筋コンクリートのよ
うに分厚い。

鼻水がほこりや
虫を糊のようにし
て捕まえる。

鼻水に似た粘液の薄い膜が、
肺や胃腸を守っている。

繊毛という細い毛が、粘液に捕
らえられたあらゆるものを粘液ご
と肺から押し出す。

唾液や涙や胃酸が抗菌剤のよ
うな働きをする。

　たいていはこうしたいろんな物理的防御がかなり有効に効
く。でもうまく防げないこともある。
　指を切ったって？　耳に細菌が感染したって？　サンドイ
ッチに生えていたカビが腸の中で暴れ回っているって？

COVID-19 ウイルスが粘液をかいくぐって、のどの細胞に感染したって？　どんな問題が起ころうが、すぐに免疫系が対処法を導き出すんだ。

COVID-19 ウイルスに身体がどのように反応するか、正確なところはまだまだわかっていないし、免疫系の働き方は人によって違う。でも一般的に言うと、免疫系は有害なウイルスに対しておもに3段構えで攻撃を加え、その各段階でそれぞれ有能な特別救急チームが活躍する。

第1弾：緊急対応部隊

体内のほとんどの細胞は、ウイルスが侵入したことを周囲に知らせる方法をいくつか備えている。その1つが、**インターフェロン**という特別なサイトカインを放出するというものだ。

インターフェロンはいわば警告メッセージで、危険なウイルスがいることを近くの細胞に知らせる。そして、ウイルスが細胞に侵入して増殖する能力を、その名のとおり邪魔（インターフェア）する。

インターフェロンは救難信号でもあり、脳にSOSを送って体温の上昇を引き起こす。第3章で出てきた発熱だ。発熱は、

身体が君に「病気だから休め」と言っているようなものだ。
でもそれだけでなく、ウイルスにやられる前にウイルスを焼
き尽くしてしまうという働きもある。ウイルスなど多くの病
原体は熱に弱く、活動が遅くなるのだ。

　ウイルスが検知されてから数時間以内に、発熱とインター
フェロンの働きで感染部位にもっと多くの血液が流れはじめ
て、次々と免疫細胞が到着する。

　最初に犯罪現場に到着した警官役
の免疫細胞は、まず容疑者を確保し
て、それから尋問する。怪しいとわ
かったら、即座に行動に出る。そん
な免疫細胞の１つが、**食細胞**だ。
食細胞は大食漢。ウイルス、死んだ
細胞の残骸、さらにはウイルスに感染した細胞を、丸ごと飲
み込んで消化してしまうのだ。

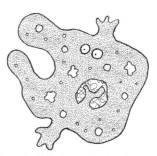

　　　　　　　食細胞チームの一員である**好中球**は、
侵入者を飲み込むだけでなく、特別な
パワーを持っている。まるでスパイダ
ーマンのように、たんぱく質とDNA
でできた網を投げて病原体をからめ捕
り、たぐり寄せて破壊してしまうのだ。

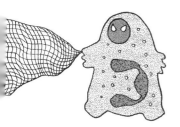

さらに**ナチュラルキラー細胞**と
いうものもいる。まさに名は体を
表すで、もしも僕が細胞だったら、
闇夜にこんな殺し屋（キラー）に出くわした
くはない。ナチュラルキラー細胞
は感染の噂を聞きつけると、感染
した細胞に忍び寄って毒薬をスプレーのように振りかけ、標
的の細胞をハチの巣にしてしまうのだ。

こいつらには絶対会いたくねえなぁ……

　どれもかわいらしくはない。しかも免疫系が最初の反応で、
ウイルスに感染した細胞を丸ごと殺してしまうというのも、
変に思うかもしれない。でもウイルスのようなフットワーク
の軽い脅威に立ち向かうには、かなり思い切った行動が有効
なものだ。
　でも、第１弾で警官たちがこのような力尽くの方法を取っ
ても、たいていの場合、ウイルスをその場で完全に制圧す
ることはできない。援軍が必要だ。

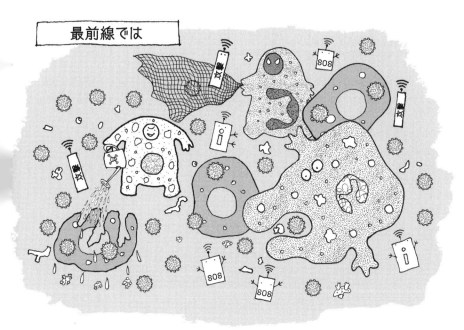

第2弾：訓練を積んだスペシャリストたち

　第1弾の殺し屋軍団がかなり残忍で手荒い戦法を繰り出している隙に、その裏ではスパイが隠密に活動する。<ruby>樹<rt>じゅ</rt></ruby><ruby>状<rt>じょう</rt></ruby><ruby>細胞<rt>さいぼう</rt></ruby>だ（細い枝に覆われているような形をしていることからこの名前になった）。重武装はしていないが、重要な情報を共有して免疫反応を統制するのに絶対欠かせない。

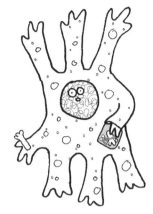

　樹状細胞は骨髄で作られ、すぐに這い出して身体中の器官に広がっていく。目的地に到着すると、秘密任務に当たるスパイのようにそこにじっと留まる。そして目を光らせ、耳をそばだてる。

　何か怪しいものに気づいたら、近づいていって調査する。そしてほかの部署にどんな事態かを伝えるために、何かしらの証拠を探す。ウイルスに出くわしたらぐずぐずしてなんていられない。飲み込んでバラバラにし、その破片を中に抱えたまま、すぐさま体内の長い旅路に出発するのだ。

　行き先は、お腹の中にある脾臓（ひぞう）か、脇の下や首元や鼠径部（そけいぶ）などにあるリンパ節（病気のときによく腫れる塊）。これらの器官は、いわば免疫系の訓練センターだ。ここにやってきた探偵役の樹状細胞は、飲み込んだウイルスの破片を別の種類の免疫細胞、とくに **T 細胞**と **B 細胞**に見せる。

　ウイルスの突起は鍵のようだということを覚えているだろうか（29 〜 30 ページ）？　1 個 1 個の T 細胞や B 細胞の表面にも、それと似たような“鍵”が突き出している。でもそれを刺す“鍵穴”は、人の ACE2 じゃなくて、樹状細胞が見せてきたウイルスの破片だ。免疫系は、ウイルスにぴっ

たり刺さる鍵を持った T 細胞や B 細胞を大急ぎで見つけたい。というのも、ぴったり刺さる鍵を持った細胞でないと、すぐにはウイルスを嗅ぎつけてやっつけられるよう訓練できないからだ。

でもここで問題がある。体内には T 細胞や B 細胞が何十億個もあって、その中でこの特定のウイルスに刺さる鍵を持っているのはごくごくわずかなのだ。いろんな鍵を 10 億本も持ち歩いていて、その中で玄関が開くのがたった 1 本しかないとイメージしてみてほしい。免疫系はそういう立場に置かれてしまうのだ。でもうまくできていることに、T 細胞や B 細胞は 1 列に並んで樹状細胞の前を次から次へと通り過ぎていく。

……違う、違う、違う、違う、……これだ!

正しい鍵を持った細胞が見つかった。やったぞ！　その細胞はすぐさま昇進して、任務遂行に向けた準備を整える。でもその前に、まったく同じ大勢の工作員からなるチームを編成しないといけない。そのためには細胞分裂すればいい。1個の細胞が2個に分裂し、その2個の細胞が再び分裂し……、と何度も繰り返す。すると最初に選ばれた細胞が、数日のうちに数百個や数千個のクローンからなる部隊へと増える（病原体に感染するとリンパ節が腫れて痛くなるのは、実はこうして細胞が増えたせいだ）。そしてそのT細胞やB細胞のチームは、血流に乗って感染部位へと向かう。

　任務に取りかかったT細胞やB細胞は何通りもの働きをするので、この先は少々話が複雑になる。その働きぶりのいくつかを詳しく見てみよう。

　キラーT細胞：第1弾で活躍したナチュラルキラー細胞に似ているが、そこまでむやみやたらに攻撃するわけではない。ウイルスに感染した細胞を"鍵"を使って選び出し

て、容赦なく殺すのだ。

おいおい……このゲーム、フェアじゃないぞ。

　そもそもゲームじゃない。しかもお前が仕掛けてきたんだ
ぞ。細胞たちは自分の仕事をしてるだけだ。

　ヘルパー T 細胞：チームに欠かせないプレイヤー。状況
を分析して、必要とあればほかの種類の免疫細胞に適切な指
示を出す。とくに第 1 弾で活躍した大食いの食細胞は、そ
の指示を受けてさらに活動し、病原体や感染した細胞をむさ
ぼり食う。ヘルパー T 細胞のもう 1 つの重要な働きが、B 細
胞をもっと呼び集めて攻撃に参加させることだ。
　B 細胞：抗体という特別強力な武器を携えた工作員。抗体
は、もう何度も登場した"鍵と鍵穴"のメカニズムを使う。
抗体の"鍵"1 本 1 本が、それぞれウイルスの特定の部位に
刺さるのだ。でも B 細胞は、この鍵を自分の外側に突き出
す代わりに、毎秒最大 2000 個というスピードで次々に作り
出しては、血液中に放つ。

　これだけたくさんの抗体を作れば、それがたまたまウイルスの"鍵穴"に刺さるのは時間の問題だ。鍵穴に刺さった抗体は、がっしりと相手にしがみつく。そして次のようなことが起こる。

・抗体に取りつかれたウイルスは、ほかの細胞に感染できなくなる。
・抗体がたくさんのウイルスをまとめてくっつけて塊にし、感染できないようにする。そしてその塊は食細胞の餌になる。
・抗体が、「ここだ。やっつけろ！」と書かれた巨大な旗のようにひるがえる。

悪い病原体のよい記憶

　抗体の一番すごいところは、病気から回復してずいぶん経

っても免疫系が抗体の作り方を覚えていられることだ。その
ために、B 細胞の一部は**記憶細胞**に変化する（T 細胞も同じ
く記憶 T 細胞になる）。そしてその名のとおり、これらの細
胞が免疫系の記憶を担うのだ。

　いったん作られた記憶細胞は何十年も生きつづける。そし
て再び同じ病原体に出くわすと、すぐさま正しい抗体を作っ
て T 細胞を活性化させはじめる。最初に感染したときには、
第 2 弾の免疫細胞が働き出すまでにふつう数日かかるが、
記憶細胞はもっとずっと素早く免疫細胞に活を入れることが
できる。感染前に食い止められることも多い。

　このような記憶のことを**免疫**という。すごく頼り
になるやつだ。たとえば一度はしかにかかると、免
疫はふつう死ぬまで持つので、二度とかからない。
一方、インフルエンザウイルスなど一部のウイルス
では、免疫は数週間か数か月しか持たない。COVID-19
ウイルスはどうかというと、免疫が長期間持つこと
を誰もが必死で願っているが、確かなことはまだわ
かっていない。ほとんどの科学者は、ほかの種類の
コロナウイルスに対する身体の反応から見て、
COVID-19 ウイルスに対する免疫も 1 年から 3 年

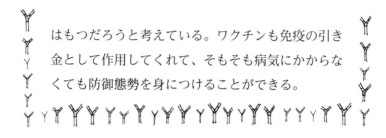

はもつだろうと考えている。ワクチンも免疫の引き金として作用してくれて、そもそも病気にかからなくても防御態勢を身につけることができる。

第3弾：片付け作業

　ウイルスに対する免疫反応の最終ステージだ。ここで活躍するキープレイヤーは、**制御性T細胞**、またの名を**Tレグ細胞**（恐竜のTレックスに響きが似ているけれど、ずっとずっと小さいし怖くはない）。Tレグ細胞は、指揮官と消防士、そして地域支援に当たる警察補助員を掛け持ちしているようなものだ。

　第1弾と第2弾の免疫チームは、自分の身体の細胞にかなりのダメージを残す。それが長引くと深刻な問題が起こりかねない。そこでTレグ細胞が出動して、ウイルスとの戦いが十分に済んでこれ以上戦う必要がないかどうかを判断する。そして必要ないとなったら、消火ホースを繰り出して免疫反応による熱を冷まし、正常な状態に戻すためにいろいろなことをする。

　前に警報を出して免疫系を総動員させたのは、インターフ

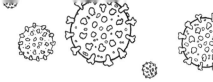

ェロンというサイトカインだった。Ｔレグ細胞はそれと逆の
働きをするサイトカインを作り出して、ほかの多くの免疫細
胞に攻撃をやめるよう指示するのだ。

　感染も終息に近づき、免疫細胞の多くは何日もぶっ通しで
働きつづけてきた。そして攻撃停止の指示を受けると、疲れ
きったように崩れ落ち、そして死んでしまうのだ！　感染し
た傷口に溜まる膿は、ほとんどが死んだ免疫細胞でできてい
る。重症の COVID-19 でも、それと似たような物質が肺の
中に溜まる。

後始末

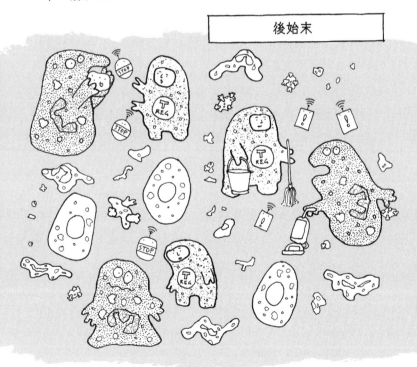

でもＴレグ細胞は、ほかの免疫細胞に攻撃停止を指示するだけでなく、さらに別の細胞を働かせる。第1弾で活躍した暴れん坊の食細胞の一部を招集して、死んだ細胞やウイルスの破片を掃除させるのだ。すべて計画どおりにいけば、免疫系の3つの段階でウイルスは一掃される。でも免疫系は、ウイルスを食い止めながらも身体を傷つけないようなバランスを取ろうと、つねに綱渡り状態だ。そして残念ながらいつでもうまくいくわけじゃない。

　COVID-19の重い症状のいくつかは、免疫系の3つの段階がうまく調和しないことで起こるのだと、多くの医師は考えている。第3弾によって第1弾と第2弾の歯止めが利かないと、逆に免疫系が暴走して、ウイルスに感染していないものも含めいくつもの器官に激しい同時攻撃を加えてしまう。この状態を**サイトカイン・ストーム**という。サイトカインが大幅に過剰に作られて、免疫細胞が暴れ出すのだ。そうすると血圧が下がって、重要な器官が正しく働かなくなる。回復はしても、患者本人にとっても治療に当たる人にとってものすごくつらい経験になる。

　ただし、そんなふうになるのは患者のごく一部だということは覚えておいてほしい。もっとずっと多くの人が、ウイルスにやられずに回復する。それはひとえに、免疫系のすごいしくみのおかげだ。それどころか、免疫反応はたいていすご

く有効なので、多くのウイルスは生き延びるだけでも相当難しい。ウイルスが感染しつづけようと思ったら、1 人の人の体内で広まるだけでなく、ほかの人にも広まる術を見つけるしかない。しかも、免疫系に見つかって消される前に、急いで見つけないといけない。

言われなくてもわかってる。この章の話は怖かったなぁ。逃げなきゃ!

　そうだろう？　でもまだお前をやっつけられてない。いやな予感がするなぁ……。

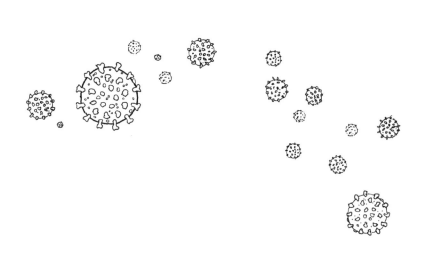

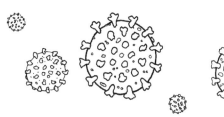

第5章

目指すはパンデミック！
ウイルスの周到な流行作戦

ウイルスはどうやって
世界中に広まるの？

「流行」っていう言葉をよく聞くだろう。新しいおもちゃや趣味が学校や国じゅうで人気になったときに使う言葉だ。ファッションや歌、変わった髪型やネット上のお約束、猫の動画など、息つく暇もなくいろんなものが次々に流行する。

　これらに共通しているのは、あっという間に人気が広まっていくこと。つまり指数増殖していくということだ。46ページで話したのを覚えているだろうが、ひとたび身体の外に出たウイルスもまさにそれを目指す。できる限り多くの人に広まるのが、ウイルスの目的の1つなのだ。

　だから、1種類のウイルスが流行して街全体や世界中に広

まると、競争がスタートする。競争相手は免疫系、賞品は生き延びることだ。ウイルスが流行しつづけるためには、次のどちらかが起こる前に確実に宿主（しゅくしゅ）から宿主へ飛び移るしかない。

　a) 宿主の免疫系に殺されたり、能力を奪われたりする。

　b) 宿主を完全に無力化する、つまり殺す。

（科学者は、ウイルスに感染した人や生物のことを"宿主（ホスト）"と呼びたがる。まるでウイルスがお客さん（ゲスト）であるかのような言いようだが、けっしてそんなことはない！）

　ウイルスは素早く移動できるので、ウイルスに勝たせたくないのであれば、つねに先手を打ちつづけるしかない。

　2020 年に COVID-19 ウイルスが世界中に大混乱を引き起こしたことで、僕らはウイルスがどんなに速く広まるのか思い知らされた。わかっている限り、このウイルスが最初に人間に感染したのは 2019 年 11 月、中国の武漢（ぶかん）でのことだった（COVID-19 の '19' はこの年を表している）。そして 2020 年春までに南極を除くすべての大陸に広まり、破壊の跡を残していった。いったいどうやって？　それを理解するためには、出だしでどうやって僕らから大幅なリードを奪ったのかを知らなければならない。

　まず、このウイルスは潜伏期間（51 ページ）が 5 ～ 14 日で、このあいだはウイルスが静かに数を増やしていくだけ

で、具合が悪くなることはない。実はこの潜伏期間のうちか
らすでに、ほかの人に感染できるような数のウイルスが体内
で作られて解き放たれる。そのため、このウイルスを
潜伏増殖させている人（“インキュベーター”とでも呼ぼう
か）は、何らかの症状が出る 2 日前、またはもっと前から、
体内でウイルスが活動しているのに気づかないまま、ウイル
スを撒き散らしてしまうのだ。

　さらに、ウイルスに感染してほかの人にうつした可能性が
あるが、自分はいっさい症状が出ない、“インビジブル”（無
症状感染者）と呼ばれる人たちもいる。流行が始まった頃に

は、このような"インキュベーター"や"インビジブル"は
いつもどおりに生活を送っていた。学校や会社に通ったり、
混雑した電車やバスに大勢で乗ったり、サッカーの試合やコ
ンサートや美術館に行ったり、ほかの国やほかの大陸に飛ぶ
飛行機に乗ったりしたのだ。

> 翼なんていらねぇ。オレはこ
> うやって飛んでくんだ。

すぐに捕まえてやる。

　しかもこの新型コロナウイルスは、世界中の隅々にまでた
どり着いただけじゃなく、その途中で人々に感染する術もし
っかり身につけていたのだ。
　COVID-19ウイルスは、咳やくしゃみをしたり、さらに
は息を吐いたりしたときに飛び散った鼻水や唾液の飛沫の中
で、何時間も持ちこたえられる。また、ドアノブや机や電車
のシートに残された目に見えない指紋の中にも潜んでいられ
る。そしてもちろん、そうした表面に触れた手で顔を触ると、
口や鼻にウイルスがつくかもしれない。
　そうしてあっという間にウイルスが至るところに広まり、
人間の体内にたくさん入ってくる。でも僕らにとっては幸い

なことに、このウイルスは、細胞から細胞へ飛び移るのと違って人から人へ飛び移るのはあまり上手じゃない。第 3 章で話したとおり、感染した 1 個の細胞には 1000 個の細胞を感染させる力がある。でも、1 人の感染者がそれだけの人数の人にウイルスをばらまくことはできないのだ。

　科学者の考えによれば、流行の初期段階、誰もがウイルスの標的になっていて誰もがいつもどおりに交流していた頃も、1 人の COVID-19 ウイルス感染者がほかの人に感染させる人数は平均で 2 ～ 3 人だったという。ただしあくまでも平均で、誰にもうつさない人もいれば、理由はまだ不明だが大勢の人にうつしかねない "スーパースプレッダー" もいる。

　1 人がたった 2 人を感染させるくらいだったら、たいしたことないんじゃないかと思ったかもしれない。でもそれだけでも、うつるたびに感染者数が 2 倍 2 倍になっていって、指数増殖につながってしまうのだ。

　こんなたとえ話で考えてみよう。家から出て道沿いに 30 歩進んでも、そんなに遠くまでは行けない。

そこで、君の脚がゴムみたいにものすごく伸びて、1歩ごとに歩幅が2倍になっていくと想像してみよう。最初の1歩が0.5 mだとしたら、2歩めは1 m、3歩めは2 m……。たいしたことない。

ところが15歩めには、君の近所から16 kmも遠くまで来てしまう。

そして信じられないかもしれないが、27歩めには地球を1周半してしまうのだ(とんでもなく伸びる魔法の脚だなぁ)。

新型コロナウイルスに当てはめると、2倍2倍と増えながらあっという間に何世代も重ねてしまう。科学者の考えによ

ると、未感染者の集団の中で広まった場合、平均 6 ～ 7 日で感染者数が 2 倍になってしまうという。しかも君の歩幅と同じように、ウイルスの広まり方も最初はたいしたことないように見える。ところが「ドッカーン」、あっという間にあちこちに広まってしまうのだ。

　COVID-19 ウイルスではまさにそれが起こった。2019 年11 月 17 日に最初の患者が見つかってからしばらくは、おもに中国の一地方だけで収まると思われていた。そのように 1 か所だけで流行することを、**エピデミック**（地域的流行）という。

　ところがその後、ほかにもいくつもの国で患者が出はじめた。

　そして 2020 年 3 月 11 日までに 114 か国で患者が発生し、正式に**パンデミック**（世界的流行）と宣言された。エピデミックが世界中のほぼ至るところにまで広がったということだ。

　さらに 2020 年 4 月 2 日には、もう 1 つありがたくない記録が達成された。確認された患者が世界で 100 万人を超えたのだ。1 人から 100 万人に増えるのに **19 週**しかかから

なかった。そして 200 万人めの患者は、そのたった **2 週間**
後に現れたのだ*。

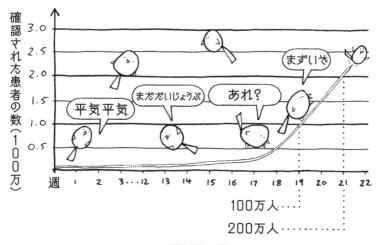

確認された患者の数（100万）

3.0
2.5
2.0
1.5
1.0
0.5

週　1　2　3…12　13　14　15　16　17　18　19　20　21　22

平気平気

まだだいじょうぶ

あれ？

まずいぞ

100万人……
200万人…………

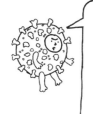

わかったか？　これがオレのやり方だ。魔
法なんて使っちゃいない。ちょっとした数
学だけの話さ。指数増殖して、何人かが咳
をしてくれれば、オレはどこにでも行ける
んだ。

　そうなのか。思ってたよりも怖いなぁ。巨人を倒すだけじ
ゃなくて、世界中の活動を止めてしまえるのか……。

*広まり方が遅くなるように人々が行動を変えてからは、COVID-19 ウイルスがそれ
までのスピードで指数的に 2 倍 2 倍に増えることはなくなった。

　感染者のうち重症になる人がごく一部で、さらにその中で死ぬ人がごく一部だったとしても、COVID-19 ウイルスのようにあっという間に広まれば、犠牲者はどんどん増えていく。2020 年春にいくつもの国が徹底的な対策を取ってウイルスの広まり方を遅くしようとしたのは、そのためだ。

　ウイルスの先手を打って出し抜く方法はたくさんあって、それについては次の章で見ていこう。問題は、ほかにもいろんなウイルスがありとあらゆる風変わりな戦法で攻撃してきて、決まってアンフェアな戦いになってしまうことだ。ウイルスに出し抜かれないためには、やつらの戦法を頭に入れておかないといけない。

恐ろしい広まり方

　ウイルスの中には、咳でうつる COVID-19 ウイルスのように、宿主の正常な身体の働きを利用して広まるものもある。また、何も知らない昆虫にばらまいてもらうウイルスもいる。いつもせかせかしているウイルスもいるし、のんびりしているウイルスもいる。いまから、病気を流行させるためにウイルスがよく使っている戦法をいくつか紹介しよう。2 つ以上の手法を使う陰険なウイルスもいる。

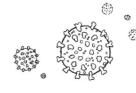

1. 空気に乗って

例：COVID-19、インフルエンザ、はしか、天然痘（てんねんとう）、水ぼうそう、ふつうの風邪（さまざまなライノウイルス、アデノウイルス、コロナウイルスによってかかる）

どうやって：これらの病気を引き起こすウイルスは、鼻水や唾液の飛沫に乗って人から人へ移動することが多い。神経を刺激して咳やくしゃみをさせることで空気中に飛び出し、それをほかの人が吸い込むのだ。

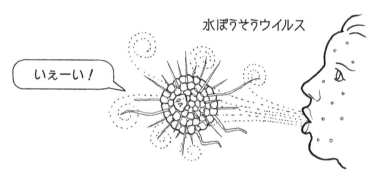

水ぼうそうウイルス

いぇーい！

怖い話：はしかのウイルスは、知られている中でもっとも感染力が強い。1人の感染者の近くに免疫を持っていない人が10人いたとすると、そのうち9人が感染してしまうのだ。

すげーな！　オレもはしかみたいに感染力が強かったらなぁ！

いい話：COVID-19 ははしかほど簡単にはうつらない。しかもこのようなウイルスは、手を洗うとか、咳やくしゃみをするときはティッシュで口を覆う（そしてそのティッシュを注意して捨てる）とかいった、単純な方法で広まるのを抑えることができる。

2. お腹の不調

例：ロタウイルス感染症、ノロウイルス感染症

どうやって：これらのウイルスは口から入って、腸の内壁にある細胞に感染して細胞を殺してしまう。そうなると身体が水分を吸収できなくなって、激しい下痢や嘔吐を繰り返す。ウイルスにとってはこれ幸いだ！乳幼児や病弱な人の場合、下痢が長引くと死に至ることもある。

　このようなウイルスは、嘔吐や下痢によって広まる。その中にはウイルスがたくさん入っていて、小さじ1杯で最大 300 億個にもなるが、人を感染させるにはたった 10 個で済んでしまう。しかも体外で何週間も持ちこたえられるので、便座や蛇口から手に、そして胃の中に移動できる。

さぁ触れ！

ノロウイルス

怖い話：下痢を引き起こすウイルスのせいで、おもに貧しい国で5歳未満の子供が毎年25万人以上も死んでいる。

いい話：世界中の人にきれいな水とトイレを提供して、ワクチンを打ってもらえるようにすれば、これらのウイルスはかなり簡単にやっつけられる。

3. スキンシップ

例：天然痘、水ぼうそう、エボラ出血熱、腺熱、いぼ、口唇ヘルペス、および1.と2.に登場した、空気中を移動するウイルスや腸に棲み着くウイルス全般が引き起こす感染症

どうやって：「スキンシップ」といっても、ここでは「親しい」ということを意味しない。天然痘は、歴史上もっとも危険でもっとも大勢の死者を出した病気の1つだ。発疹ができて、ウイルスがたくさん入った痛い水ぶくれになる。その水ぶくれが破れてかさぶたが剥がれると、それに触れたあらゆる人やものに感染が広がる。でもありがたいことに、世界的なワクチン接種計画のおかげでいまでは怖くはない。水ぼうそうは天然痘ほど危険ではないが、似たような方法で広まる。いぼのウイルスは感染者が触れたものの表面でも持ちこたえられるが、人と人が直接触れ合うと一番うつりやすい。天然痘と同じくらい致

エボラウイルス

死率が高い数少ないウイルスの 1 つ、エボラウイルスも同じだ。口唇ヘルペスや腺熱は、キスで広まることが一番多い。

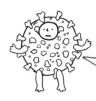

誰かがキスするの待つなんて、やってらんねぇな！

怖い話：エボラウイルスは史上もっとも致死率の高いウイルスの 1 つだ。1976 年にザイール（現コンゴ民主共和国）で最初に流行したときは、患者の 90% 近くが死んだ。

いい話：2019 年に最初のワクチンが認可された。

4. 体液が混ざる

例：B 型肝炎、C 型肝炎、AIDS

どうやって：触れただけではうつらないウイルスもある。そういうウイルスは、血液などの体液が混ざることで広まる。B 型肝炎は肝臓を冒し、肝臓がんを引き起こすこともある。何人もの人が同じ注射針を滅菌せずに使い回したり、セックスしたりするとうつるし、出産時にも母親から赤ん坊にうつる。AIDS（後天性免疫不全 症 候群）を引き起こすウイルス、HIV-1 も似たような方法で広まる。嫌らしいことにこのウイルスは、撃退するのに一番必要な白血球に感染して白血球

を破壊することで、免疫系をかいくぐろうとする。

怖い話：HIV-1 は 1980 年代に特定されて以来、7500 万人に感染して約 3200 万人の命を奪った。

いい話：AIDS の優れた治療薬が開発されている。ただし高価で、とくに貧しい国の人にとっては必ずしも手に入れやすくない。

5. 辛抱強いこそこそした方法

例：水ぼうそう、AIDS、腺熱、いぼ、口唇ヘルペス

どうやって：3. や 4. の項目とかぶっているウイルスがあったのに気づいただろうか？　たまたまじゃない。ウイルスの中には、じっと身を隠して別の宿主に飛び移るチャンスをひたすら待つものもいる。いぼや口唇ヘルペスや腺熱を引き起こすウイルスは、体内で休眠していて、病気やストレスになると再び活動しはじめる。水ぼうそうは回復しても体内からウイルスが完全にいなくなることはなく、神経細胞の中にじっと留まる。そして何十年後かに再び目覚めて、帯状疱疹という病気を引き起こす。帯状疱疹にかかった人は、再びほかの人に水ぼうそうをうつすこともある。

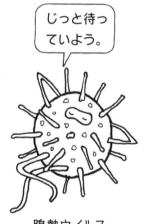

じっと待っていよう。

腺熱ウイルス

怖い話：HIV-1 はじっと身を隠すだけでなく、感染した細胞のヒト遺伝子と自分の遺伝子を混ぜ合わせる。するとウイルスの遺伝子が細胞の一部に組み込まれてしまう。だから、感染した細胞がどこに行って何をしようが、HIV-1 の遺伝子も一緒についていくのだ。

何？　人間の細胞の一部になるだって？

　やばい！　そんな汚い手に出られたら、ますますやっつけづらくなっちゃうじゃないか。お前にはそんなことできなくてよかった。

6. 虫にヒッチハイクする

例：黄熱病、デング熱、ジカ熱、チクングンヤ熱、リフトバレー熱のウイルスは、蚊が媒介する。ブルボンウイルス、ハートランドウイルス、ダニ媒介脳炎ウイルスは、ダニに運んでもらう。サシチョウバエ熱ウイルスはスナバエに乗って移動する。

どうやって：いろんな動物に感染したいウイルスにとっては効果的な戦略だ。蚊やダニは、餌となる血液が手に入るなら、ウシでもウマでも、鳥でもサルでも人間でもさほど気にしな

い。これらのウイルスは、宿主から宿主へとヒッチハイクするだけじゃない。ウイルスを持った虫に刺されると、見えない乗客が皮膚を乗り越えて直接体内に注入されてしまうのだ。

怖い話：蚊は暖かくて雨が多く湿った場所で繁殖する。地球温暖化によって蚊が新たな場所で繁殖すると、蚊が媒介するウイルスも一緒にそこで繁栄してしまう。

いい話：ある種の細菌をわざと蚊に感染させたり、蚊の遺伝子を操作したりすることで、蚊による病気の蔓延（まんえん）を食い止める方法がいくつか開発中だ。それが完成するまでは虫除け（むしよ）を使うこと。

急いでくれ！

デング熱ウイルス

ちなみに：昆虫が媒介する病気の中でもたぶん一番有名で一番致死率が高いのはマラリアだが、これはウイルスが原因ではなく、プラスモジウムという小さな単細胞生物が引き起こす。

7. 人間の脳をハッキングする

例：狂犬病

どうやって：狂犬病ウイルスは運任せになんてしない。感染

した動物の唾液でうつるので、狂犬病にかかったイヌ（およびコウモリ、キツネ、オオカミ、サル、ネコ、アライグマ）に噛まれるのは絶対に避けたい。体内に入った狂犬病ウイルスは、神経繊維に潜り込んでまっすぐ脳へと向かう。

　脳に入ってしまうと重い症状が出て、ほぼ 100％ 死に至る。そこでウイルスの本当の生存競争がスタートする。現在の宿主から外に出て、すぐに新たな宿主を見つけないといけないのだ。そのためにウイルスはあらゆる手を使って、患者が恐怖心を失って大暴れし、攻撃的になるように仕向ける。するとまもなく患者は、ほかの動物を次々と攻撃しはじめる。まさに悪夢だ。

怖い話：それだけじゃない。狂犬病にかかると水をすごく怖がるようになり、食べ物を飲み込むのがとてつもなく苦痛になる。すると、ウイルスでいっぱいの唾液が口の中にあふれ出す。それで人に噛みついてくるのだ。

いい話：狂犬病には有効なワクチンがある。予防できるだけでなく、噛まれてからすぐに投与すればウイルスを食い止めることもできる。

おっかないウイルスだなぁ。さすがのオレ様でも狂犬病は恐ろしいわ。

ゾンビ幼虫

　狂犬病も恐ろしいが、バキュロウイルスがマイマイガの幼虫にすることはもっとひどい。まずは幼虫の脳の中にある秘密のスイッチをオンにして、木のてっぺんに登らせる。それから幼虫の体内を食いつくし、幼虫はベトベトした液体の詰まったただの袋になってしまう。その袋が破れると、ウイルスがたくさん混じった感染性の高い液体のしずくが下の葉に降り注ぎ、何も知らないほかの幼虫に感染する。まるで史上最悪のゾンビ映画だ。哀れなマイマイガの幼虫は当然死んでしまう。

木……
登る……

　こうした手の込んだ、ときに巧みなウイルスの戦法はいかにも恐ろしいが、僕らのほうもそうそう簡単にはやられないので安心してほしい。しかも僕らが頼れるのは、すごい免疫系だけじゃない。人間はウイルスと違って、チームで取り組んで先手を打つ術を知っている。**科学**だ。

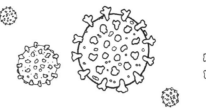

第6章

科学 vs ウイルス

手洗い、検査、ワクチン……
先手を打ちつづけるには？

　人類はこの地球上に登場してからずっと、僕らを宿主に選んだウイルスにただただ耐えるしかなかった。

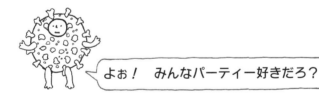

よぉ！　みんなパーティー好きだろ？

好きさ。でもお前みたいな暴れん坊は来ないでくれ。

現代の人類（ホモ・サピエンス）が進化したのはいまから

約20万年前、古代エジプトに最初のピラミッドが建設されるずっとずっと昔のことだ。この時代を先史時代という。長く続いた先史時代、ほとんどの人は小さい部族や家族集団で暮らしながら、住処（すみか）の近くをさまよっては狩猟採集をして生活していた。

　初めの頃は、ウイルスのことなんてたいして心配しなくてもよかっただろう。大流行を引き起こす凶悪ウイルスの多くは、人混みが好きだからだ。人混みのほうがウイルスはずっと簡単に広まる。しかも人間の免疫系は、インフルエンザやはしかやふつうの風邪を引き起こすウイルスをたいていかなりうまくやっつけてくれるので、人混みが好きなこれらのウイルスは、最初の宿主が回復する前に次の宿主に飛び移るしかない。

　でも先史時代にはそもそも人間が少なかったので、人混みが好きな多くのウイルスは困り果てていた。

　だからといって、狩猟採集民の祖先が完全に健康だったわけじゃない。それどころか、あらゆる種類の細菌やカビなどの寄生体がいろんな問題を引き起こしていただろう。ウイルスもまったくいなかったわけじゃない。狂犬病のような厄介なウイルスがときどき大勢の命を奪っていたのはほぼ間違いないだろうが、人間の集団が小さかったので大流行になることはめったになかったと思う。

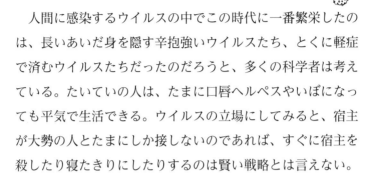

　人間に感染するウイルスの中でこの時代に一番繁栄したの
は、長いあいだ身を隠す辛抱強いウイルスたち、とくに軽症
で済むウイルスたちだったのだろうと、多くの科学者は考え
ている。たいていの人は、たまに口唇ヘルペスやいぼになっ
ても平気で生活できる。ウイルスの立場にしてみると、宿主
が大勢の人とたまにしか接しないのであれば、すぐに宿主を
殺したり寝たきりにしたりするのは賢い戦略とは言えない。

　いまから約 1 万 2000 年前、現在の中東に暮らしていた
賢い人たちが、放浪するのをやめて文字どおりこの地に根を
張ろうと決めた。そうして農耕を始め、小麦や大麦や豆など
の作物を栽培するようになった。さらに動物を飼い慣らし、
食糧や移動手段や仲間として世話しはじめた。四六時中食糧
を探さなくて済むようになったことで、いろんな面でずっと
暮らしやすくなった。

　村ができ、それが町や都市へと発展していった。やがてい
くつもの帝国が作られて、道路が縦横に走り、帝国どうしが
船で結ばれた。人々が道路や船で行き交って、村や町や港に
集まっては交流するにつれて、人と人が接することがずっと
多くなった。

　それとともに、人間以外の動物の群れの中で何百万年もう
まく暮らしていたウイルスたちも、突然移動を始めた。僕ら
の祖先が最初に飼い慣らして繁殖させた動物は、ウシやウマ、

ブタやヤギやヒツジだ。これらの動物は僕らの祖先に肉や乳を提供したり、耕すのを手伝ったり、重いものを運んだりした。そうして一緒にいる長いあいだ、動物たちは体内にウイルスを棲まわせてやっていたのだ。

手洗いを忘れずにね。

このようなありがたい動物たちと、ネズミや昆虫など、僕らの祖先の家に群がる迷惑な連中たちのせいで、まったく新たなウイルスが人間の世界に続々とやってきた。はしかやおたふく風邪、インフルエンザやロタウイルスや天然痘、そしてもちろん、ウイルス以外の病原体が引き起こすさまざまな厄介な病気が発生するようになったのだ。

ウイルスは初期の文明に大きな足跡を残している。

・3000年前のエジプトのミイラの顔に、天然痘の跡がはっきりと残っている。
・エジプトの絵画の中には、身体の一部が麻痺する病気、ポリオにかかっている人を描いたものがある。
・2500年前の古代ギリシャ人がおたふく風邪でリンパ節

や頬を腫らしていた証拠も残っている。

　そうしてエピデミックが起こりはじめ、長引くこともすぐに収まることもあったものの、どんどんと遠くまで速く広まるようになった。治療法がなかったので、人々はせいぜい祈るしかなかった。

　そんな状態が何千年も続いた末に、幸いなことに約500年前から現代科学が姿を現しはじめた。やがて有効な治療法がいくつも生まれることになるが、ウイルスとの戦いはじれったいほどゆっくりとしか前進しなかった。顕微鏡が発明されたのはいまから400年以上前の1590年だが、ウイルスの姿がとらえられたのは、もっと強力な電子顕微鏡が発明された1931年のことだった。それまではウイルスがどんな姿をしているのか誰も知らなかったし、どうやって活動してるのかもほとんど手掛かりがなかった。

　いまでもウイルスについてはわかっていないことがあまりにも多い。だから、COVID-19ウイルスに不意打ちを食らわされて、2020年にこのような大混乱に至ったのも無理もない。ときに予想もつかないような振る舞いをする、新しいウイルスだったのだから。

　でも科学者や医師も、新しいウイルスの秘密を解き明かす

・・
糸口だけなら知っている。まずは、「誰も二度とこのウイルスに感染しないようにするにはどうしたらいいか」という、答えなんて出せそうにない疑問を問いかける。その答えを見つけるには何年も、何十年もかかるかもしれないが、必ずその途中で役に立つ新しい事実が明らかになっていく。

　ウイルスについての僕らの知識、そして僕らを痛めつけるウイルスへの対処法は、日々少しずつ進歩している。科学はありとあらゆる方法で、人間がウイルスの一歩先を行く手助けをしてくれるのだ。まずできるのは……。

病気の蔓延を食い止める

中世風のロックダウン

　昔は、病気がどうやって広まるのかいっさい手掛かりがなかった。中世の頃、近所の誰かが吐いたり、熱がありそうに見えたり、皮膚に黒い膿疱ができたりしたら、いまと同じようにその人とは距離を取っていたはずだ。

　ちなみにこれらの症状は、1340年代にヨーロッパ中で猛威を振るいはじめた実際の病気のものだ。黒死病＊と呼ばれた病気で、患者はこれらの恐ろしい症状が現れはじめてから

＊いまでは腺ペストと呼ばれている。現在でもときどき発生して小規模な流行を起こすが、抗生物質で治療できるようになっている。

たった 3 日で命を落としていた。

> おっ！　黒死病か！　聞いたことあるぞ。たった 1 回のパンデミックで全人類の 3 人に 1 人を殺したんだよな？

　変な気を起こすなよ。お前がそんな大量殺人を起こせるはずがない。そもそも黒死病は細菌が原因だ。お前の仲間じゃない。

　黒死病に襲われていた中世ヨーロッパでは、赤い十字の印が付けられた家には誰も近寄らなかった。病気じゃないかと疑われ・・・ただけで、その人の家は板で目張りされた。これ以上病気が広まらないようにと、村が丸ごと封鎖されることもあった。
　まさに中世風の"ソーシャルディスタンス"や"ロックダウン"だ。2020 年にも各国で科学者がこれと似たような対策を政府に提言した。
　ソーシャルディスタンスとは要するに「感染しているかもしれない人に近づきすぎない」という意味で、ロックダウンとは「家にいる」という意味だ。いまではみんな"自己隔離"も大事だとわきまえている。つまり、自分がウイルスに

感染していると気づいたら、すぐに他人との接触をやめて、人にうつす恐れがなくなるまで独りでいるということだ。これらの対策を組み合わせれば、病気の広まるスピードを確実に遅くして、病院が手一杯になるのを防げる。目標は、1人の感染者がうつす人数を平均で1人未満に抑えることだ。そうすれば感染者の増殖率（46ページ）がマイナスになって、流行が終息に向かいはじめる。

　ロックダウンは確かに有効だけれど、どんな世代の人にとってもつらいものだ。理屈の上では、最悪のケースにならない限り必要ない。ウイルスの広まり方が正確にわかれば、生活スタイルをもっと細かく調節することで蔓延のスピードを

僕らの行動が病気の広まり方を左右する

鬼ごっこ－増殖率2

ひそひそ話－増殖率1

リフティング－増殖率0

下げられるはずだ。たとえば空気中を移動するウイルスであれば、次のような対策が考えられる。

・マスクで食い止められるかどうか実験で確かめる。
・感染者から 1 メートル離れていれば十分なのか、それとも壁で隔てないといけないのかを明らかにする。
・スーパースプレッダー（83 ページ）を見つけ出して、家から出ないようにしてもらう。

　中世の人たちはそんなこととうてい思いつけなかったのだから、遠くに逃げたり病人を家や村に閉じ込めたりしたのも納得だ。いまでもあらゆる疑問に答えが出ているわけではないが、科学のおかげで、少なくともどこに注目すればいいかはわかっている。

検査

　ごく最近まで、ウイルスによる多くの病気は、患者が死ぬか回復するかしない限り、どんなウイルスが原因だったのか確定的に診断するのはすごく難しかった。
　でもいまでは、身体から少量のサンプルを取って検査すれば、ウイルスがいるかどうかわかるようになっている。COVID-19 の場合は、のどを綿棒でこすったり唾液からサ

ンプルを取ったりする。多くの検査では、化学反応を使って
ウイルスの遺伝子を検出する。スーパーに並んでいる食品ご
とにそれぞれ固有のバーコードがつけられているのと同じよ
うに、各ウイルスの系統も RNA または DNA でできたそれ
ぞれ固有の遺伝子セットを持っていて、検査をすればそれを
はっきりと特定できる。

どのウイルスが原因なのかがわかれば、医者はずっとよい
治療法を選べる。

　遺伝子検査をすれば、体調が悪くなる前でもウイルスを検
出できることが多い。COVID-19 のような病気ではものす
ごく助かる話だ。"インビジブル"や"インキュベーター"
（81 ページ）を特定できれば、感染期間が明けるまで他人と

の接触を控えてもらえるからだ。

おい、ずるいぞ。見つかってないと思ってたのに。

　そういうわけにはいかないぞ。目には見えないかもしれないが、お前を見つけ出すいろんな方法を開発したんだ。

　こうした検査で集まった情報を使えば、他人と近い距離で仕事をする人、とくに看護師や医師や介護士が病気を広めるのを防げる。2020 年春のイギリスでは、COVID-19 の入院患者の 5 人に 1 人までが、別の病気で病院にかかったときにウイルスに感染したと推測されている。

　特定のウイルスを標的とする抗体（71 ページ）が血液中にあるかどうかを検査すれば、以前に感染したことがあるかどうかも知ることができる。目的の抗体が見つかれば、その人の免疫系はすでにそのウイルスを撃退しているか、またはやっつけている最中だということになる。

　ウイルス検査の信頼性と感度は日々向上しているし、新しい方法も次々に開発されている。たとえば、イヌを訓練して感染者を嗅ぎ分けられるようにできるかもしれない。また（鼻をつまんでから聞いてほしい）、COVID-19 の患者の尿にはウイルスの遺伝子の破片が混じっているらしい。だとす

ると、下水のサンプルを取ってウイルスの遺伝子を検査すれ
ば、その町で何人がウイルスに感染しているか正確に突き止
められるかもしれない。いずれは、歯ブラシが体内の危険な
病原体を自動的に検出して、即座に自分とかかりつけの医師
に通報してくれるようになるかもしれない。

　こうした発明品が登場するのはずっと先のことかもしれな
い。でもいまでも、疫学者と呼ばれる科学者は、ウイルス検
査のデータをもとに複雑な計算をして、

　・何人が感染しそうか

　・どんな場所で一番感染しやすいか

　・どんな人が一番感染させやすいか

を予測できる。

　天気予報と同じく"ウイルス予報"も完璧じゃないけれど、
役に立つことは間違いない。とくに政府が、商店やカフェの
再開、学校や職場の開放についての判断を下すためには欠か
せない。

オレの行動、そこまでお見通しなのか？

　最初はもちろん慌てたさ。でももうお前の策略はわかって
るんだ。

ウイルスを洗い流す

おいおい、石鹸の話じゃないだろうな？

　そのとおりさ。

　「手を洗いなさい……しっかりとね……石鹸を使って！」って、政治家やアナウンサーにまで四六時中言われている気がしないだろうか？

　いい気分じゃないかもしれないが、何より君のためだ。コロナウイルスを避けるには、除菌スプレーや抗菌ウエットティッシュよりも、昔ながらの石鹸のほうが間違いなく有効なんだ。

　石鹸の分子はウイルスのエンベロープを作る脂質分子と形が似ているので、脂質の中に入り込んでウイルスの外殻を文字どおり溶かしてしまう。しかも石鹸は、手からウイルスを

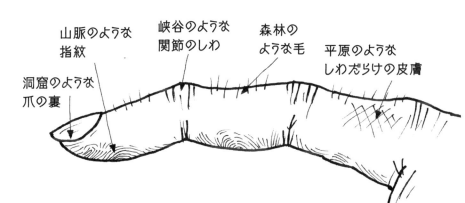

山脈のような
指紋

峡谷のような
関節のしわ

森林の
ような毛

平原のような
しわだらけの皮膚

洞窟のような
爪の裏

しっかり引き剥がしてくれる。でも、皮膚を顕微鏡で見るとものすごくでこぼこで、しわもたくさん寄っているから、ウイルスが隠れられるような場所がたくさんある。だから、たっぷり20秒はゴシゴシやるのが大事だ。

　信じられないかもしれないが、歴史上、手洗いはほかのどんな発明よりもたくさんの命を救ってきたのだ。

　病気の蔓延を防ぐには手洗いが大事だということを初めて明らかにしたのは、センメルヴェイス・イグナーツ医師だ。1840年代にオーストリアの産科病棟で働いていたセンメルヴェイスは、子供を産んだばかりの母親が危険な感染症にかかって次々に死んでいくのを見て慌てふためいた。そして同僚の医師の中に、死体を扱ったまま手を洗わずに赤ん坊を取り上げている人がいるのに気がついた*。そこで彼らに、ちゃんと手を洗ったら何か違いが出てくるかどうか確かめてくれと頼み込んだ。

　すると信じられないような効果が出た。その病棟で死ぬ人があっという間に大幅に減ったのだ。センメルヴェイスのこの大発見をきっかけに、ほとんどの感染症はウイルスや細菌といった微小な病原体が引き起こすことが明らかになっていった。それ以来、このセンメルヴェイスの発見によって人々

＊助産師は死体に触れることがなかったので、助産師に赤ん坊を取り上げてもらった母親は安全だった。

が定期的に手洗いをするようになったことで、何万、何億もの命が救われてきたことだろう。

さらに 1960 年代におこなわれた実験によって、COVID-19 やインフルエンザや下痢、さらにはふつうの風邪を引き起こすような感染力の高いウイルスと戦うには、石鹸で定期的に手を洗うことがすごく大事だと証明されている。

イギリスのある科学者グループは、風邪のウイルスがどのように広まるかを明らかにしようとした。そこで、1 人の研究者の鼻に小さい仕掛けを取り付けて、そこから液体が徐々にしたたり落ちるようにした。風邪を引いたときに鼻水が垂れるのと同じだ。でもその偽物の鼻水には、ウイルスの代わりに、紫外線に当てないと見えない色素を混ぜてあった。

そうしてから、研究室に被験者を何人か呼んでトランプをしてもらった。そしてゲームが終わったところで、照明を切って紫外線ランプを点けた。すると研究者たちは、色素を混ぜた"鼻水"がどこについたかを見て驚いた。1 時間もせずに至るところに広がっていたのだ！　トランプやテーブルだけでなく、何も知らない被験者全員の指や顔、照明のスイッチやドアノブなど、あらゆる場所に付着していたのだ。

誰でも 1 時間に約 20 ～ 30 回は自分の顔を無意識に触る。だから注意していないと、ウイルスが簡単に体内に入って人から人へ広まっていくのだ。

でも残念ながら、石鹸だけではパンデミックを防ぐことは
できない。感染力の高いウイルスの場合はどうしても患者が
出てしまうので、治療法が見つかることを願うしかないのだ。

症状を抑える

　のどや耳など身体の一部が細菌に感染したら、医師はふつ
う抗生物質を処方してくれる。たいていはちゃんと効いてく
れて細菌は死ぬが、人間の細胞はいっさい傷つけられない。

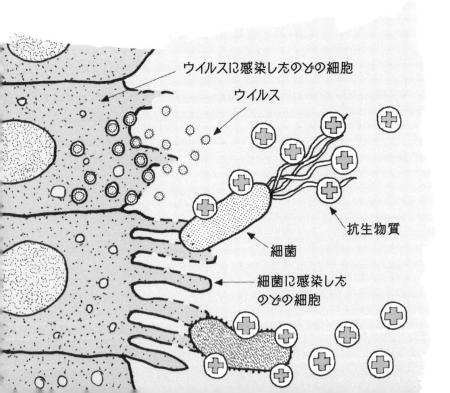

ウイルスに感染したのどの細胞

ウイルス

抗生物質

細菌

細菌に感染した
のどの細胞

　ウイルスと細菌は活動のしかたがまったく違うので、ウイルスに効く薬の開発はもっと難しい。ウイルスのほうが小さいし構造も単純なので、薬が攻撃できる急所が少ないからだ。しかもウイルスはおもに人間の細胞を乗っ取って活動するので、たとえ抗ウイルス薬でウイルスを駆除できたとしても、それと一緒に健康な細胞も痛めつけられてしまう。

　かなり難しいが、見事な成功例はいくつかある。少し前までAIDSは死に至る病気だった。でもいまでは、抗レトロウイルス剤という薬で、AIDSを引き起こすウイルスHIV-1の活動を有効に食い止めることができる。この薬のおかげで何百万もの人が、体内にウイルスがいても健康に長生きしているのだ。

　COVID-19の治療法はまだない。でもできるだけ早く見つけるために、世界中の科学者や医師が何千種類もの化学物質をこのウイルスに試して、活動を食い止めたり遅くしたりして死に至る症状を防げないか、必死で調べはじめている。

　人間の免疫系がこのウイルスにどうやって立ち向かうかを調べるのも有効じゃないかと、多くの科学者が考えている。たとえば、医師と回復した患者の会話を盗み聞きすれば、もっと何かわかってくるんじゃないだろうか……。

君はもう COVID-19 から回復したから、君の血液の中にはこのウイルスの抗体がうようよ流れているはずだ。

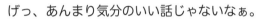

げっ、あんまり気分のいい話じゃないなぁ。

でもすごいことなんだぞ。君の血液をきれいにして、残ったウイルスを全部取り去って、苦しんでいる患者さんに注射したら、その人も治るかもしれないんだ。

僕はほかの人を助けられるんだね！

理屈では、君の血液を全部提供すれば2人か3人の患者を救えるんだ。

えーっ、また気分が悪くなってきたよ。違う方法で抗体を作れないの？

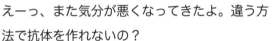

実は科学者たちはいろんな動物で作ろうとしているんだ。ラマが作るナノボディっていう抗体を使えば、ウイルスが人間の細胞に感染するのを防げることがわかっているのさ。すべてうまくいけば、正義の味方のラマがもうすぐ、COVID-19 の薬として使える抗ウイルス抗体を大量に作り出してくれるかもしれないぞ。

すごいなぁ！

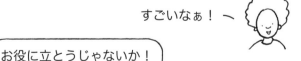

お役に立とうじゃないか！

でも当然、そもそも発症自体を抑えられればもっとありがたい。

ウイルスを食い止める

1721 年にイングランドで天然痘（90 ページ）が流行した。恐怖のウイルスが恐怖を撒き散らす中、メアリー・ウォートリー・モンタギューという裕福な女性がある変わった提案をした。「子供を天然痘ウイルスにわざと感染させたらいい」なんて言い出したんだ！　トルコでそういう処置を目にして、自分の子供たちにも試していたのだ。さらにイギリス王ジョージ 1 世にも、王位を継ぐかもしれない孫娘にこの処置をするべきだと勧めた。

中国やインドではすでに 1000 年前からおこなわれていたこの処置を、**接種**という。どうやってやるのか説明しよう。

まずは天然痘患者を見つけて、ウイルスがたくさん詰まった膿疱に針を刺す。そしてその同じ針で、まだ病気にかかっていない人の皮膚を引っ掻くのだ。

ふつうはこれで皮膚に小さな感染が起こり、それだけで本格的な免疫反応が引き起こされる。接種を受けた人は、防御に欠かせない抗体を作り出す記憶 B 細胞ができて、天然痘に対する免疫を獲得するのだ！　やった！

でもこの処置には少しだけリスクがある。一度もかかった
ことのない人のうちごく一部が、重い天然痘にかかってしま
うのだ。そこで18世紀末に、イギリス人医師のエドワー
ド・ジェンナーがもっと安全な接種法を発見した。天然痘ウ
イルスにすごく似たウイルスを使うという方法だ。そのウイ
ルスは、ウシに感染すると牛痘という感染症を引き起こすが、
人間にはめったに危害を加えない。

　"ワクチン"という言葉を作ったのもジェンナーだ。
ラテン語の'vaccinus'は「ウシ由来」という意
味なので、この言葉にはウシへの感謝も込められて
いる。ワクチンが体内に入ると、感染したのとそっ
くりの状態になって、免疫系が急いでその新たな脅
威に対する防御を築く。でも免疫系は知らないが、
うまく工夫されたそのワクチンには実はほとんど害
がないのだ。ウイルスのワクチンはそのウイルスの
一部から作れる。COVID-19ウイルスの場合には、
表面の突起、またはウイルス自体をかなり弱くした
ものが使えるかもしれない。すべてうまくいけば、
ワクチンの刺激を受けて記憶B細胞と記憶T細胞
が作られ、実際の感染による症状をほとんど、また
はまったく出さないで、病原体への免疫を長期間獲
得できるのだ。うまくできてるじゃないか！

　国際的なワクチン接種の取り組みによって、天然痘の最後の流行が終息してウイルスの蔓延が食い止められ、1980 年、世界は天然痘への勝利を宣言した。そうして天然痘ウイルスは絶滅に追いやられたのだ。

いくらワクチンでも天然痘ウイルスを 1 個も残らず殺せたはずなんてない！

　いいや、殺せたんだ。地球上から天然痘を撲滅できたんだぞ。お前も同じ目に遭わせてやるからな。

　実はいくつかの極秘の研究室では、厳重な管理のもとでいまでも天然痘ウイルスのサンプルが保存されている。ちなみに天然痘で一番最近死んだ人は、イギリスのとある研究室でそのウイルスに感染してしまった若い女性で、1978 年のことだった。
　天然痘の撲滅は、史上もっとも見事な医学の成果の 1 つだ。そしていまでは、人間や動物の何十種類もの病気に対するワクチンがある。いまだに尻尾を捕まえられないウイルスも中にはあるが、それでもワクチンは毎年数え切れないほどの命を救って、世界中のたくさんの苦しみや悲しみを取り除

いてくれているのだ。

　でも安全で有効なワクチンを作るには、たいてい長い時間がかかる。ジェンナーが安全な天然痘ワクチンを開発してから、天然痘が根絶されるまでに、200年もかかっている。

　幸いにもいまではその期間はもっとずっと短くなっている。COVID-19ウイルスに対する優れたワクチンができるまで200年もかかるはずはない。

　ある企業なんて、2020年1月に新型コロナウイルスの遺伝子データをダウンロードしてからたった25日後に、治験に回せるワクチンを開発してしまったのだ！　ふつうなら何か月もかかるはずだったのに。さらにそれから数週間後には、ほかにも何十という研究室が、COVID-19ワクチンの巧みな開発計画をそれぞれ独自に立ててしまった。

　でも数百万や数十億の人にワクチンを投与するには、ものすごく大量のワクチンを生産する方法を見つける必要がある。しかもかなり慎重にテストして、安全であることを確認しないといけない。

　1885年当時はそんな余裕なんてなかった。この年、フランスの科学者ルイ・パストゥールが、狂犬病（94～95ペー

ジ）にかかったウサギの脊髄を乾燥させてどろどろに溶かし、
9 歳の男の子のお腹に注射した。生死のかかった状況で、い
ちかばちかの処置だった。その子は狂犬にひどく噛まれて、
いまにも死にそうだったのだ。パストゥールにはこの新たな
治療法の安全性をチェックする時間的余裕なんてなかったけ
れど、幸運にもその子は完全に回復した。

　いまでは誰もそんなリスクを負いたくはない。ワクチンは
確かにすごいけれど、自由にワクチンが使えるようになった
いまでもウイルスに気を抜いちゃいけない。病気を引き起こ
すウイルスは、もっとずる賢い技をいくつか袖の下に隠して
いるのだから。次の章ではそれを見ていこう。

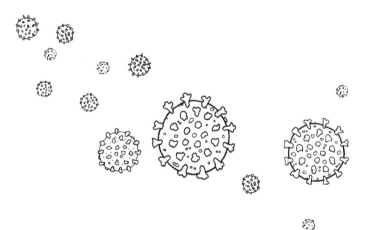

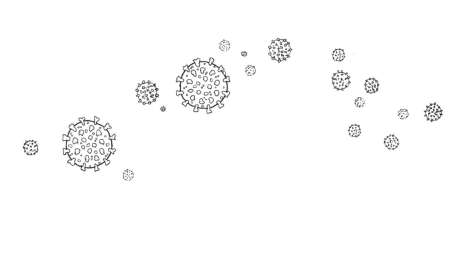

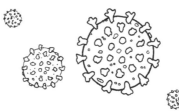

第7章

ウイルスは
どこから来たの？

そしてどうして何度も復活するの？

ニュース速報：「COVID-19 を引き起こす"新型"コロナウイルスは、けっして"新型"ではなかった」。世界中に大混乱を引き起こすずっと前の 2013 年、中国・雲南省のとある洞窟に棲んでいるキクガシラコウモリの糞のサンプルを科学者が集めた。そしてのちに、その糞にはまさにいま大問題を引き起こしているのにすごく似たウイルス*が含まれていることがわかったのだ。

そのコロナウイルスは何百年も、もしかしたら何千年も、キクガシラコウモリの体内でたいした危害を加えずにのうの

---

* RNA 遺伝子のコードのうち 96% が COVID-19 ウイルスとまったく同じだった。

うと暮らしていたのだろうと、科学者たちはにらんでいる。ウイルス学者の考えによると、コウモリの免疫系は、このウイルスも自分たちも絶滅せずに共存できる方法を見つけ出したのかもしれない。

お前が何もしてこないんなら、オレも手を出さないようにしよう。

取引成立だ。

　COVID-19ウイルスがどうやってコウモリから人間に乗り移ったのか正確にはわかっていないが、多くの科学者は2段階でうつったのだろうと考えている。初めに、コウモリから何か別の野生動物に飛び移った。センザンコウかタヌキかジャコウネコ、または何かまったく別の動物かもしれない。そしてさらに、もしかしたら途中で別の動物を経由してから（ウイルスはあちこちに広まりたがるものだ）、人間にうつったのだ。

ジャコウネコ　　　　タヌキ　　　　センザンコウ

　コウモリの体内に棲んでいたウイルスは、突起の"鍵"が人間の細胞にある ACE2 の"鍵穴"にぴったり刺さらないので（29 〜 30 ページ）、簡単には人間の細胞に感染できない。だから、コウモリの洞窟から人間の都市までの長い旅路のあいだに何かが起こって、ウイルスが変化したのは間違いない。人間の身体にずかずかと入り込む前に、"進化"する必要があったのだ。

ウイルスの突起はどうやって変化するの？

　自然選択による進化は、生物学できっと一番重要な概念だろう。この概念を使えば、なぜ生き残る生物種と絶滅する生物種があるのか、どうやって年月とともにあらゆる生物が（ときに劇的に）変化するのかを説明できる。

　進化のしくみを理解するために、しばらくウイルスのことは忘れて、君は森の中に暮らしていると想像してほしい。ある日、君は森に、茶色い縞模様の昆虫 100 匹と黄色い水玉模様の昆虫 100 匹を放した。

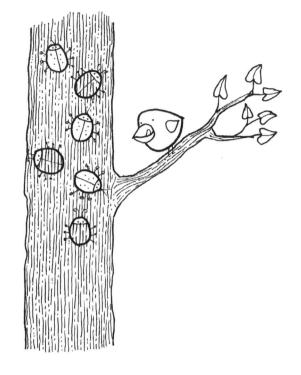

　すると縞模様の昆虫のほうが、お腹を空かせた鳥から身を
隠して生き延びる可能性が高いはずだ。カムフラージュにな
るのだから。

　そのため、最初の昆虫たちが繁殖してたくさんの子孫を作
った数年後に再び森を訪れると、きっと縞模様の昆虫のほう
ばかりが見つかるだろう。

　そこで次はこういう場面を思い浮かべてみよう。君は森に
黄色い水玉模様の昆虫だけを放したが、そのうちの何匹かが
ごく稀に（そしてまったく気まぐれに）、縞模様の昆虫へと
育つ卵を産むのだ。さて何が起こるだろう？

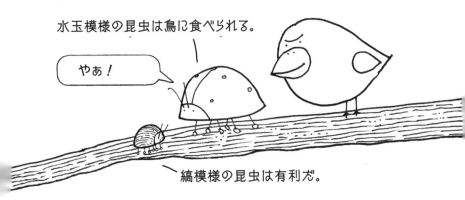

水玉模様の昆虫は鳥に食べられる。

やぁ！

縞模様の昆虫は有利だ。

縞模様の昆虫が**自然選択された**んだ。

　数少ない縞模様の昆虫のほうが生き延びる可能性が高いので、縞模様の昆虫のほうがたくさん産まれる。

　そこでさらに何年か経って森に戻ってきて調べると、木の幹にはきっと縞模様の昆虫がたくさん見つかるだろう。

　そして十分な時間が経つと、水玉模様の昆虫は 1 匹もいなくなっているかもしれない。黄色い水玉模様の昆虫の集団が、目立たない茶色の縞模様の昆虫の集団へと**進化**したんだ。

昆虫の話はもういい。オレたちウイルスのことを話してたんじゃないのか?

　そうだけどもうちょっと我慢しろって。

　自然選択による進化は、どんな生物でも起こる。ウイルスでもだ。それによって生物種は、環境が変化したり新たな困難に出くわしたりしても、生き延びて繁栄しつづけられるように適応できる。キリンが高いところの葉を食べられるようにあんなに首が長くなったのも、カンガルーがジャンプが得意になったのも、人間の親指がほかの指と向かい合わせになってこの本をうまくつかめるようになったのも、みんな進化で説明できるんだ。

　さっきの昆虫をコウモリのコロナウイルスに、森を人間の体内に置き換えたとしても、同じようなことが起こるだろう。そのウイルスのいくつかが人間の体内に入り込む方法を見つけ、そのうちのごく一部がたまたま、人間の ACE2 にぴったり刺さる突起を持つようになったら、そのウイルスは生存競争でとてつもなく有利な立場に立つ。ほかのウイルスは人間の細胞に跳ね返されて何も害をおよぼさないが、細胞にがっしり取りついて中に押し入る数少ないウイルスにとっては、

まったく新たな世界が開けるのだ。

　じゃあ、どうやってコロナウイルスの突起はそんなふうに
突然変化するんだろうか？　そしてどうして、ACE2 に刺さ
る突起を持ったウイルスと持っていないウイルスができるん
だろうか？

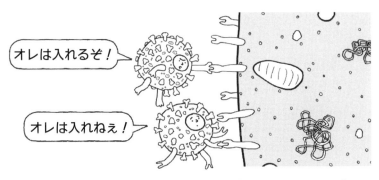

　その答えは遺伝子にある。ウイルスが新たなウイルスを作
るために欠かせない、そしてすべての生物が成長して正しく
活動するために欠かせない、あのマニュアルだ。

　細胞は遺伝子のセットをコピーするたびに、いくつか間違
いを犯すことがある。この本を最初から最後まで正確に書き
写すことになったとしよう。どんなに優秀なタイピストでも、
たまには間違ったキーを叩いてしまうだろう。

　ちょっと間違えても文の意味がほとんど変わらないことも
あれば、がらっと変わってしまうこともある。

　「コロナウイルスめ、やってやる！」の１文字が変わった

だけで、「コロナウイルスめ、くってやる！」になって、みんなを心配させちゃうかもしれない。

　遺伝子がコピーされるときに起こる間違いを"変異"という。ふつうはほとんど気まぐれに起こるが、一部の化学物質や、太陽光に含まれている紫外線などで引き起こされることもある（だから日焼け止めは塗ったほうがいい）。変異によって細胞や生物やウイルスは、よい影響を受けることもあれば悪い影響を受けることもあるし、いっさい影響を受けないこともある。

　コロナウイルスの突起のたんぱく質を作る遺伝子について考えてみよう。ある新たな変異のせいで、突起を中途半端にしか作れなくなったとする。するとその変異を受け継いだウイルスは細胞に感染できないので、これは悪い変異だ。自然選択によって摘み取られてしまうだろう。

　ウイルスが宿主の細胞にしがみつくのに役立つような変異は、たとえしがみつく効率がちょっとしか上がらなかったとしても、それは"よい"変異だ。または別の新たな変異によ

って、ウイルスがまったく違う生物種の細胞に感染できるようになるかもしれない。それはウイルスの立場からすれば"すごくよい"変異だろう。新たな生物種に潜り込むことができれば、そのウイルスにとっては新世界が開けるんだから。

コウモリの COVID-19 ウイルスにもそういうことが起こったのだろうと、ウイルス学者は考えている。人間に感染する前、コウモリのウイルスにたまたま、人間の細胞に取りついて侵入できるようないくつもの変異が起こったのだろう。それらの変異を持ったウイルスは、自然選択のおかげで見事人間の体内に侵入したに違いない。ひとたび侵入したウイルスはさらに変異し、人間に感染しはじめてからも進化を続けただろう。そしてそれによって、人間の細胞に侵入して免疫系をかいくぐり、人から人へ広まる能力をさらに高めたはずだ。

スピルオーバー

ウイルスがある生物種から別の生物種へ乗り移ることを、**スピルオーバー**（種間伝播）という。どのくらい頻繁に起こるか正確にはわかっていないが、ほとんどの場合はあっという間に失敗に終わるだろう。たとえば、あるウイルスがせっかく 1 人めに感染してその人を病気にしても、人から人へ

うまく伝染する方法を進化させなければ絶えてしまうだろう。

でもときには、新しいウイルスのスピルオーバーによって新たなエピデミックの火がつくこともある。2019年末にCOVID-19ウイルスで起こったように。

もともとどこでどうやってCOVID-19ウイルスが人間に乗り移ったのか、正確なところはこれからもけっしてわからないだろうが、仮説はたくさんある。

中国・武漢の市場では、肉や毛皮や漢方薬として使うために、またときにはペットとして飼うために、ありとあらゆる野生動物が売られている。そうした市場でスピルオーバーが起こったのかもしれないと考えている科学者もいる。誰か食肉処理業者がうっかり手を洗い忘れたんだろうか。

あるいは、農場でスピルオーバーが起こったということもありうる。飼われていた1匹のブタが野生動物からウイルスをもらったのかもしれない。そしてそのブタが1人の農場労働者に向けて咳をしたのかもしれない。

マスクしてないの？

いまとなっては推測するしかない。でも、ひとたび人間の世界に潜り込んだこのウイルスは、まんまとチャンスをつかみ取った。そして競争が始まった。人間の免疫系＋科学 vs

COVID-19 ウイルスの戦いだ。

高速進化

　ほとんどの生物種では、自然選択による進化にはものすごく長い時間がかかる。キリンが長い首を進化させるのにも、カンガルーがジャンプする能力を進化させるのにも、人間が変わった親指を進化させるのにも、そしてもちろん驚異の免疫系を進化させるのにも、優に何百万年もかかった。ところが多くのウイルスは、進化を加速させるというスーパーパワーを持っているのだ。

　人間の遺伝子の進化は、次の 3 つの点でウイルスと大きく違っている。

1. スピード

　第 3 章でわかったように、ウイルスは人間よりもずっとずっと速く世代を重ねていく。だから、遺伝子のちょっとした変異があっという間に積み重なっていって、ウイルスの振る舞い方と人間の身体の防御をかいくぐる術が大きく変化するのだ。

2. 細かいことを気にする

　人間の細胞は遺伝子をコピーするとき、変異が起こらない

かどうか鋭く目を光らせている。本を書き写すのにたとえるとしたら、最高のタイピストを雇って、スペルチェッカーや辞書も取り揃えておくようなものだ。

　でもウイルスが遺伝子をコピーする様子は、まるで伝言ゲームだ。何人もが１列に並んで、一番端の人がある文章を隣の人にささやく。

　そしてそれぞれの人が、自分の聞いた文章を左隣の人に伝えていく。

　ちゃんと伝わらなくても一度しか言っちゃいけない。そして最後の人は、自分にどうやって聞こえたかを答える。するとその文章は決まって変化しているのだ。

　無意味な文章になっちゃうことも多いが、ときには美しい詩の一節みたいになることもある。すごく面白いぞ。

　でも、ウイルスの進化に面白いところは何一つない。ほとんどの変異はウイルスにとって"悪い"変異で、遺伝子のマニュアルの一部が無意味になってしまうが、何兆個ものウイルスの集団にとってはたいした問題じゃない。たった2、3個のウイルスが"よい"変異を起こして、ほんの少し能力を高めれば、自然選択によってあっという間に増殖して繁栄してしまうはずだ。

3. 遺伝子のシャッフル

　いろんな品種のイヌがすべてイヌという同じ種に属しているのと同じように、それぞれの種のウイルスも、互いに近縁だが明らかに違ういくつもの"系統"に分けられる。それらの系統がそれぞれわずかに違う振る舞いをするのは、遺伝子の変異のせいだ。そして、コッカースパニエルとミニチュアプードルが交配してコッカプーが産まれるのと同じように、ウイルスの系統どうしも交雑できる。

　ときどき、2つの系統のウイルスが同じ細胞に感染することがある。するとそれぞれの系統の遺伝子が混ざり合う。

　そして新たなウイルスは、それぞれの"親"ウイルスの特徴をランダムに混ぜ合わせて受け継ぐことになる。

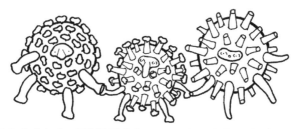

　このようにして遺伝子をシャッフルできないウイルスも中にはいるが、どうやらコロナウイルスやインフルエンザウイルスはシャッフルがうまいらしい。そしてその遺伝子のシャッフルによって、宿主に感染して細胞を乗っ取る新たな方法を備えた、まったく新しい系統のウイルスが作られることがある。

ウイルス問題を解決する

　進化を加速させるウイルスは、まるで動き回るターゲットのように、絶えず手段を変えては新しい技を考えつくことができる。

　有名なウイルス学者のジョージ・クライン教授は、超優秀なウイルス学者が居並ぶ講演の場でこう言った。「どんなにバカなウイルスも、一番賢いウイルス学者より賢い」

ほら見ろ！　だから言ったろ？　オレは
天才なんだ！　クライン教授でさえああ
言ってるんだ。

　確かにそうだ。でもお前には、ものを考えることは絶対で
きない。教授が「賢い」って言ったのは、考えるって意味じ
ゃないんだぞ。

　ウイルスが人間よりも賢く見えるのは、素早い進化によっ
て次々に問題を解決して新たな戦略を生み出すからだ。
COVID-19 ウイルスも、人間の免疫反応を変えさせるか、
またはかいくぐる巧みな方法をひねり出すかしたのは間違い
ない。
　たとえばこのウイルスは、インターフェロンの生成を妨げ
る方法を持っていると考えられている。インターフェロンは、
自分がウイルスに感染したことに気づいた多くの細胞が作り
出すサイトカインの一種だ（64 ページ）。インターフェロン
は人間の免疫系に最初に発破をかけるシグナルの 1 つなの
で、このウイルスの戦法はすごくずる賢い。
　免疫があまり長い年月もたないようなウイルスがあるのも、
高速進化のせいだ。感染するか、またはワクチン接種するか

してからたとえば 1 年以上経った頃に、記憶 B 細胞や記憶
T 細胞が高速進化するウイルスに出合ったとしよう。する
とそのウイルスはずいぶん変化してしまっていて、免疫細胞
はそれが脅威だとは気づかないかもしれない。毎年冬に新し
いインフルエンザワクチンを開発しないといけないのはその
ためだ。

記憶 B 細胞と記憶 T 細胞

　インフルエンザウイルスは素早く変異するだけでなく、人
間とほかの動物のあいだをかなりしょっちゅう行き来できる。
そうして遺伝子をシャッフルして人間のところに戻ってくる
と、まったく新たな系統のように振る舞うのだ。
「ウイルスは高速進化できるんだ」なんて話を聞くと、少々
不安になってくる。実際に高速進化のせいで、優れた抗ウイ

ルス薬やワクチンの開発はますます難しくなる。でもウイルスも、どんどん危険なほうに進化していくとは限らない。

　ウイルスが気にしていることがあるとすれば、それは生き延びて増殖することだけだ。宿主の身体を傷つけるのは本意じゃないし、宿主を殺したらほかの人に広まるチャンスが減ってしまうので、けっしてそんなことはしたくないだろう。だから、もっとも"成功"したウイルス、つまりもっとも速く増殖してもっとも速く広まるウイルスの多くは、かなり軽い症状しか引き起こさない。ふつうの風邪のウイルスが繁栄しているのは、ほとんどの人は感染してもさほどひどくはならずに、家に籠もる必要なんてないからだ。いつもの生活を続けながら、大勢の人に感染させてしまうのだ。

　風邪のうち４分の１まではコロナウイルスが原因だ。ウイルス学者の中には、それらのウイルスの一部は最初はもっと致死率の高い系統だったが、そこから危険性の低い系統へと進化したのかもしれないと考えている人もいる。COVID-19ウイルスがもっと危険性の低いものに進化することもありえるが、当然それを当てにするわけにはいかない。

　それどころか、いまのところCOVID-19ウイルスはさほど速くは進化していないようだ。コロナウイルスはほかの多くのウイルスよりも遺伝子のコピーに気を遣うからかもしれない。コロナウイルスが作り出すたんぱく質の中には、新た

な変異を見つけ出して元に戻す能力を進化させているものがあるのだ。僕らにとっては幸いな話だ。ウイルスが別のアイデアを思いついて再び突起や戦略を変えてしまう前に、科学者が対抗する方法を考え出せるかもしれないのだから。

　ウイルスの進化を止めることはできないけれど、スピルオーバーを起こりにくくしたり、被害を抑えたりする方法はすごくたくさんある。それを押さえておくのは大事だ。COVID-19ウイルスが突然出現したことで思い知らされたように、ウイルスたちはいつ何時も、まるで盗賊のように森の中から飛び出してきて僕らに勝負を仕掛けるチャンスをうかがっているんだから。

ウイルスを挑発するな

　科学者の推計によると、世界中の森林や湿地、洞窟やサバンナには80万種ものウイルスが潜んでいて、そのどれもがスピルオーバーして人間に感染する可能性を秘めているという。COVID-19ウイルスがどんなに厄介だったとしても、次の新たなウイルスはそれに輪を掛けて危険かもしれない。だから、これらのウイルスを野生から出さないようにする方法を考え出すのは、誰にとっても優先順位の高い課題のはずだ。

　ありがたいことに、いまのところスピルオーバーはたまに
しか起こっていない。でもウイルス学者の中には、昔よりも
いまのほうが頻繁に起こっていると心配している人もいる。
誰のせいなんだ？　科学者に言わせるとコウモリのせいじゃ
ない。人間のせいなんだ。

　誰か 1 人やどこか 1 か国に責任があるわけじゃない。人
間は大きな脳と器用な親指と巧みな免疫系を進化させたおか
げで、生物種として信じられないほど成功している。以前よ
りも人口は多いし、世界の多くの地域ではどんどん豊かにな
っている。いろんな意味ですごいことだ。飢えている人が減
り、仕事に就く人が増え、学校に通う子供が増え、医療を受
けられる人が毎年増えている。

　でもそれと同時に、人々はありとあらゆるものをもっとも
っと欲しがるようになっている。食糧、お金、T シャツ、車、
家、スマートフォン……。材木にするために木々を切り倒し、
農耕のために土地を切り拓き、石油や鉱石を取るために地面
に穴を掘る。手つかずのジャングルに新しい道路を通す。湿
地を干拓したり木を切ったりして、新しい住宅地を作る。農
地をどんどん広げていく。

　どれも、“よいこと”ばかりでもなければ“悪いこと”ば
かりでもない。大事なポイントは、人類が地球全体を支配し
たことで、何百万もの人が何百万もの人間以外の動物とたび

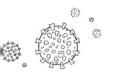

たび接触するようになったことだ。それらの動物はそれぞれ何種類ものウイルスを持っているかもしれない。そしていまではわかっているとおり、少し血がついたり、まずいタイミングでくしゃみをされたり、虫に刺されたりしただけで、スピルオーバーは起こってしまうのだ。

　恐ろしい話だが、深呼吸して読み進めてほしい。スピルオーバーを減らし、たとえ起こったとしても重大なパンデミックを引き起こす可能性を大幅に下げる、そのためにできることが実際かなりたくさんあるんだから。

1. 地球から奪い取る資源の量を減らす

　リサイクル、リユース、リペア、再生可能エネルギー、さらには菜食主義が有効だ。どれも、野生のウイルスに触れる機会を減らせる。

2. 残された野生を守る

　狩猟、木の伐採、道路建設を大幅に減らせば、スピルオーバーのリスクが下がるだけでなく、あらゆる生物種の絶滅を食い止められるし、気候変動の抑制にもプラスに働く。

3. ウイルスを探索する

　2013年に新型コロナウイルスを見つけた研究者たちは、実は新たなウイルスをせっせと探していた。動物の糞や血液

のサンプルを取れば、研究室でウイルスの遺伝子を探すことができる。そしてそれらの遺伝子データを読み解けば、その中にいたウイルスを残らず特定できる。どんなウイルスがいるかわからなければ、次に人間の世界にどのウイルスが飛び移ってくるかなんて知りようがないのだ。

4. 野生のウイルスの振る舞い方を明らかにする

　そうすれば、どのウイルスに注意すべきか、人間に感染して流行を引き起こす可能性が一番高いウイルスはどれかを予測できる。

5. スピルオーバーが起こる前に防御を固めておく

新たなウイルス感染を特定する検査法、そしてワクチンや治療薬の開発に全力を注げば、次の新しいウイルスが出現するときにはすでに準備万端なはずだ。

6. スピルオーバーを見つけ出して食い止める

猟師や木こり、坑夫や農民や市場の商人など、野生の中で過ごしたり野生動物と接したりする人が、衛生にとくに慎重に気を配って、何か変な病気にかかったら報告するようにすれば、みんなのためになる。

中にはもう実践されているものもあるし、どれも実現可能だ。でもいまよりもっとずっと本腰を入れる必要がある。大混乱になる前にスピルオーバーを食い止めるには、ほかに手段がないんだから。

ウイルスはとんでもなくたくさんいるけれど、もちろん全部が悪いやつじゃない。次の章ではそいつらのことを見ていこう。

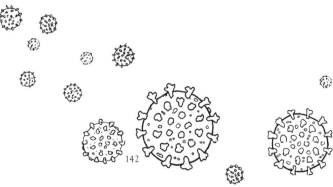

142

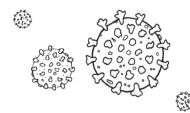

第8章

この地球は
ウイルスの世界!?

悪いやつだけじゃないって本当？

「君の身体の中にはウイルスがうようよしてるぞ」、なんて
誰かに言われたとしよう。いまこの瞬間も、君の身体の細胞
の12倍以上もの数のウイルスがいるとしたら？　君ならど
うする？

・すぐに病院に駆け込む？
・強力な消毒薬をたっぷり入れ
　た巨大な風呂に飛び込む？

まあそう焦るなって。ウイルスがいるのは事実だし、まっ

たく正常なことなんだから。

最高に健康なときでも、君の身体の中や表面や身の回りにはつねに何百兆個ものウイルスがいる。そのほとんどは殺傷能力を持っているが、幸いにも実際に君の細胞に感染して悪さをするものはほとんどいない。

信じられないかもしれないが、身体の中にいる多くのウイルスは、実は君の役に立っている。それどころか、そのうちの多くは身体から歓迎されているんだ。

鼻水を例に挙げよう。ウイルスは鼻水が大好きだ。身体の中に入ってこようとする迷惑な病原体は、鼻水に捕らえられるだけじゃない（63ページ）。鼻の中にはウイルスがたくさん棲み着いていて、身を守ってくれる鼻水の中にしっかりとしがみついている。そしてそのお返しに、君を守ってくれているのだ。

どうやって？　細菌を攻撃するのだ。かなり厄介な感染症を引き起こす細菌がたくさんいるが、人間の身体はウイルスの助けを借りてそれらの細菌を撃退しているんだ。

つまり、「ウイルスが細菌を病気にする」っていうことだ。実は細菌に感染するウイルスは、動物や植物を病気にするウイルスをすべて合わせたよりもずっとたくさんいる。生物学ではそのようなウイルスをバクテリオファージ、または縮めて"ファージ"と呼んでいて、何百万種も存在する。

　ファージはすごく真剣に細菌殺しに取り組む。細菌に感染すると、新しいファージがあまりにもたくさん作られて、細菌の細胞が破れてしまうのだ。僕らにとってはありがたい話で、これによって細菌の感染を防いだり食い止めたりできる。

　僕らの身体はむしろファージが大好きで、鼻の中に棲まわせているだけでなく、あらゆる場所に飼っている。ウイルス学者の推測によると、口や気管、肺や尿管など、身体の内側の面を覆っている粘液の薄い層には、膨大な数のファージが潜んでいるらしい。そして消化器の中にはさらにたくさんのファージがいるのだ。

　まさに生物界の全面戦争だ。僕らの身体はこれらのウイルスを兵士として募って、近寄りすぎた細菌を殺すための防御に使っている。つまりこれらのファージは、僕らの免疫系の一部なんだ！

裏切り者め！　ウイルス vs 人間の戦いのはずだったのに！

かなり効果的な戦略だが、その代わりに人間の身体はファージの軍隊を厳しく統率していなければならない。ウイルスと同じように細菌の中にもすごく役に立っているものがあるので、ファージたちに体内の細菌を根こそぎやっつけさせるわけにはいかないのだ。

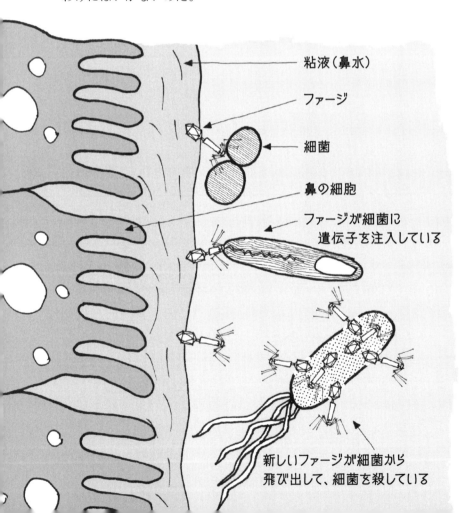

粘液（鼻水）

ファージ

細菌

鼻の細胞

ファージが細菌に
　遺伝子を注入している

新しいファージが細菌から
飛び出して、細菌を殺している

・腸内細菌は食物の消化を助けている。腸内細菌がいなかったら、食べた果物や野菜は腸をほとんど素通りしてしまって、栄養分を取り込めない。
・人間の身体に絶対必要だが自分では作れない、ビタミンなどの化学物質は、細菌が作ってくれている。
・免疫系、さらに脳は、お腹の中の細菌のおかげでフルパワーを発揮できる。

　だから、細菌を徹底的に殺し尽くしてしまったら非常にまずい。そこで僕らの身体は、危険な細菌をやっつけてくれるたぐいのファージがすごく好むような粘液を出して、それらのファージだけを招き入れているのだ。細菌をやっつけるウイルスは、僕らの敵どころか友なんだ。

ウイルスドクター

　2017年、15歳のイザベル・カーネル＝ホールダウェイが、待ちに待った肺移植を受けることになった。イザベルは生まれてからずっと嚢胞性線維症（のうほうせいせんいしょう）と闘ってきた。さまざまな臓器が冒されて、とくに肺が大

きなダメージを受ける重い病気だ。肺移植は大手術だが、成功すればずっと楽に生きられるようになる。

　移植は成功したが、困ったことにどうしても傷が治らない。どうやら細菌に感染したらしい。ふつうなら抗生物質でかなり効果的に細菌を殺せるので、医師はいろんな抗生物質を試したが、どれも効かなかった。やがて身体中に感染が広がっていった。

　すると、娘の命が危ないと思ったイザベルの母親が大胆な方法を思いついた。ウイルスを使って細菌をやっつけたらどうだろう？　医師がいろんなファージを調べてみたところ、イザベルの傷に棲みつく細菌を殺すウイルスが３種類見つかった。そこで、それらのウイルスを１日２回、血液に注入しはじめた。

　すると、たった３日で強い痛みが退きはじめ、６週間も経つと感染がほぼなくなった。症状が改善したイザベルは、2020年にこう語った。「友達と遊びに行ったり勉強したりできて楽しいの。……いままでなかったくらい気分がいいわ」

　細菌の感染にはふつう抗生物質が効くが、イザベルに感染した細菌は抗生物質に耐性があった。抗生物質は使われはじめてから 100 年も経っていないが、そのあいだにほかのどんな薬よりもたくさんの命を救ってきたことだろう。ところが、抗生物質への耐性を持った細菌に感染する人が毎年増えていて、中にはどうしても治らない人もいる。全人類にとって大問題だ。もしも有効な抗生物質がなかったら、バラのとげでちょっと引っ掻いたようなわずかな傷でも、耐性菌に感染して死に至りかねない。

　そのような危険な微生物に立ち向かうための新たな方法を、研究者は必死で探している。

　だから、イザベルの受けたウイルスを使った治療法が功を奏したというのは朗報だ。有効性や安全性を証明するにはまだかなり研究が必要だけれど、これらのファージはターゲットの細菌をものすごい正確さで特定して破壊してくれるので、いつかファージが耐性菌の問題を解決してくれるかもしれないと期待している科学者もいる。

生命を支えるウイルス

　ウイルスは人間よりもずっとずっと前から地球上にいる。生命そのものと同じくらい昔からいたのはほぼ間違いないし、ツチブタからワニまで、キノコからカササギまで、チューリップからタランチュラまで、思いつく限りほぼあらゆる生物種の細胞に感染できる。生命がいるところならどこでもウイルスは繁栄しているんだ。

　ごく最近までほとんどの生物学者は、海水中にはウイルスはさほど多くはいないだろうと考えていた。ところが実際に探してみると、とんでもないことがわかった。海面近くの海水小さじ１杯分の中に、最大で１億個ものウイルスがいたのだ。だから君は海で泳ぐたびに、アメリカ合衆国の人口と同じくらいの数のウイルスを飲み込んでいるんだ！

　小さじ１杯分の海水の中にうようよしているウイルスをずっと足し合わせていくと、世界中の海には天文学的な数のウイルスがいることがわかる。実は"天文学的"なんて言葉じゃ足りない。海の中にいるウイルスの数は、宇宙全体の星の数の100倍にもなるんだから。

最新の推計によると、その個数はだいたい

4,000,000,000,000,000,000,000,000,000,000

（4の後に0が30個続いている。こういうとんでもなく大きい数に、数学者はとんでもなく変な名前をつけている。"4ノニリオン"だ）

　それらのウイルスはいつも何をしているんだろう？　もっぱら、海中にいる細菌などの微生物をたくさんたくさん殺しているのだ。ウイルス以外のそれらの微生物は、太陽エネルギーを捕らえたり、生物の糞や死骸を分解したり、もっと大きい海洋生物の餌になったりと、いろんなことをしている。そのおかげで海の生態系がうまく回っているのだ。これらの微生物もとてつもなく数が多い。海中に棲んでいるすべての生物の重さを1匹1匹量っていったとすると、単細胞生物の重さの合計は、魚やクジラやイルカ、クラゲや海藻など、もっと大きくて目に見えるすべての生物を足し合わせた重さの3倍にもなるのだ。

微生物はとんでもなくたくさんいる。ウイルスは重さでは太刀打ちできないが、それでも数は微生物よりも多い。そしてそれらのウイルスによって、海の中では毎秒1兆個の1兆倍の細菌が死んでいると考えられている。全部足し合わせると、ウイルスは毎日、海中のすべての微生物（ウイルスを除く）の20～40%を殺しているんだ。

　微生物の立場からするとどうもいい話には思えない。でも生物学者の考えによると、実は海のほかの生き物、そして地球全体にとってはすごくいいことなのだ。

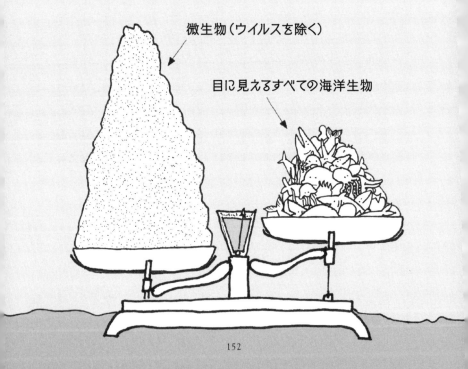

微生物（ウイルスを除く）

目に見えるすべての海洋生物

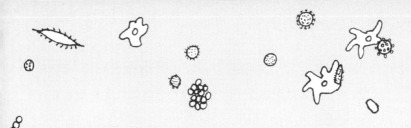

なぜ？

1. ウイルスのおかげで海洋生物の多様性が大幅に上がっている。

もしもウイルスがいなかったら、微生物がどんどん増殖しつづけて、海中の栄養分を残らず食い尽くしてしまうだろう。そして微生物もほかの生物も飢え死にしてしまうだろう。でも実際には、ある1種類の微生物が数を増やしすぎると、ウイルスがその微生物に感染して殺してしまう。そうしてその微生物がほどほどの数に戻って、代わりにほかの海洋生物が生きるチャンスが増える。また、ウイルスの絶え間ない攻撃によって、死んだ微生物や弱った微生物からなるスープのようなものができ、それがいわば肥料となって、ほかの種類の海洋微生物がどんどん増殖する。そしてそれらの微生物が、魚やサンゴやクジラなど多くの生物の餌として絶えず供給される。そうして最終的に、海洋生物はもっと活発で多様になるのだ。

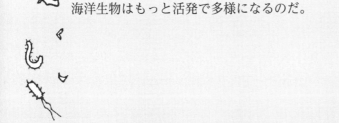

2. ウイルスは僕らが呼吸する酸素の生成に力を貸している。

　地球上のほぼすべての生物は、君も名前くらいなら聞いたことあるはずの化学反応に頼って生きている。光合成だ。植物や藻類や一部の細菌が持っている特別な構造体や化学物質が、太陽光のエネルギーを使って、水と二酸化炭素を高カロリーの糖や炭水化物、つまり食べ物に変換するのだ。この反応ではとてつもなく重要な副産物ができる。酸素だ。酸素がなかったら僕らは窒息してしまう。

　君は知らなかったかもしれないが、地球上の光合成の半分以上が、実は海の中で起こっている。その大部分は、シアノバクテリアという種類の細菌が担っている。ありふれたシアノバクテリアの中には、ある特定のウイルスに感染しないと光合成をしないものがいる。必要なウイルスの遺伝子がないと太陽光を捕らえられないのだ。そうやって宿主がエネルギーを手にすれば、ウイルスは増殖できて恩恵を受けられる。そしてそれとともに、シアノバクテリアが余計な酸素を生成してくれて僕らみんなも恩恵を受ける。君が10回深呼吸するうちの少なくとも1回は、これらのウイルスのおかげなんだ！

3. ウイルスは地球温暖化を減速させる。

　藻類やプランクトン＊などの海洋生物の多くは、細胞を固い殻のようなコートでくるんで身を守っている。その殻を作るには炭素が必要で、その炭素はもともと、光合成のときに大気中から吸収された二酸化炭素に入っていたものだ。そのような微生物がウイルスのせいで死ぬと、その小さな殻が、それを作っている炭素と一緒にそのまま海底に沈む。1個1個の微生物はものすごく小さいけれど、数が膨大なので、何十億トンもの二酸化炭素が海底に埋められる計算になる。科学者の考えによると、僕ら人類が車やトラック、船や飛行機、工場や発電所などで燃やしている化石燃料から毎年発生する二酸化炭素のうち、かなりの割合がこのプロセスで実際に吸収されているんだそうだ。

＊プランクトンとは水中に漂っている生物の総称で、光合成をする微小な植物や藻類、小動物、そして細菌やウイルスも含む。

死んだ微生物の殻

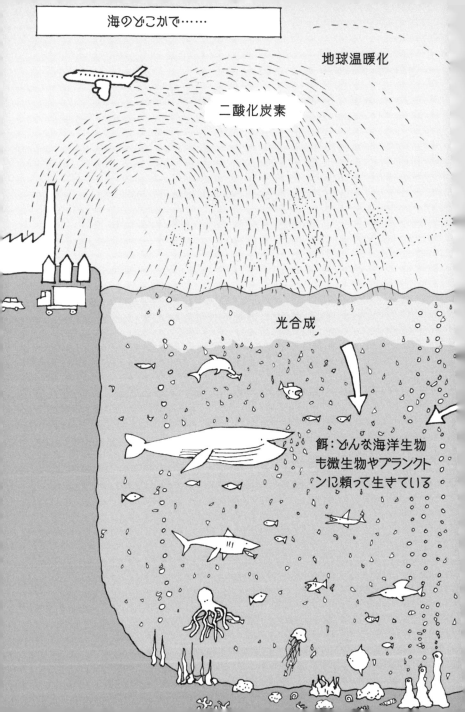

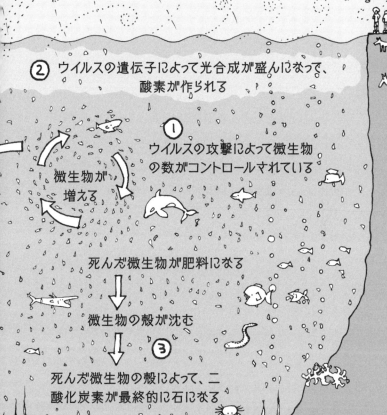

酸素

② ウイルスの遺伝子によって光合成が盛んになって、
酸素が作られる

① ウイルスの攻撃によって微生物
の数がコントロールされている

微生物が
増える

死んだ微生物が肥料になる

微生物の殻が沈む ③

死んだ微生物の殻によって、二
酸化炭素が最終的に石になる

　もしもウイルスがいなかったら、気候変動はもっとずっと
スピードアップして、もっとずっとひどくなっていただろう。
研究者の中には、それらのウイルスを増殖させれば、地球が
危険なほど熱くなるのを食い止められるかもしれないと考え
ている人すらいる。

　つまり、もしも海にウイルスがいなかったら、地球はすぐ
にオーバーヒートしはじめて、酸素がなくなって、みんな死
んでしまうんだ。

　ウイルスは陸上の生物にも、とてつもなく大きなプラスの
影響を与えている。たとえば土の中にはとんでもなくたくさ
んの数のウイルスがいる。発見されたばかりの海のウイルス
よりもさらにわかっていることは少ないが、土そのものを作
って守るのに役立っているのはほぼ間違いない。地上のほと
んどの植物は根を張るために土が必要だから、結局のところ、
僕らが呼吸している酸素はほぼすべてウイルスのおかげで作
られたものだといえるんだ。

　これがウイルスの最大の謎だ。もしもウイルスが死と破壊
をもたらしていなかったら、生命の世界はこれほどまで多様
に繁栄できなかっただろう。

　環境のために戦うウイルスたちには頭が
上がらない。

たいしたことねえよ。

　お前のことじゃないよ。お前にいいとこ
なんてあるわけないんだから。

ウイルスが君を作る

　土や海の中で増殖するウイルスのおかげで生命が存在しつづけていられるというのも、確かに奇妙な話だけれど、それくらいじゃまだまだ序の口だ。

　覚悟してほしい。次の 2 つの事実に君はショックを受けるかもしれない。

　第 1 に、君の身体にウイルスがたくさん棲み着いているというだけじゃなく、君の身体の一部はウイルスでできているんだ。君の細胞 1 個 1 個の中にある DNA のうち約 9%が、実はウイルスの DNA なんだ（君だけじゃなくてみんなそうだ）。

　第 2 に、もしも何百万年も前に僕らの祖先があるウイルスに感染していなかったら、僕らはけっして生まれていなかったんだ。

　この 2 つの事実は互いにつながっているが、まずは 1 つずつ見ていこう。

　人間の細胞の中にあるウイルスの DNA はほぼすべて、はるか昔にレトロウイルスというウイルスのグループによってもたらされた。レトロウイルスは細胞に感染すると、自分の遺伝子のコピーを作ってそれを宿主の DNA の中に挿入し、宿主の遺伝子と混ぜ合わせてしまう。そうして挿入されたウ

イルスの遺伝子はたいてい永遠に留まって、世代から世代へと受け継がれていく。細胞がレトロウイルスに感染しはじめたのはいまから5億年近くも前だ（恐竜が絶滅した6500万年前よりもずっと昔）。人間は何百万年もかけて進化し、その間にレトロウイルスが僕らの遠い祖先に何度も感染した。そのため、いまではヒトのDNAの中にレトロウイルス由来の部分が約10万か所も見つかっている。つまり、君のDNAのうち10分の1近くが、実はかつて感染したウイルスの置き土産なんだ！

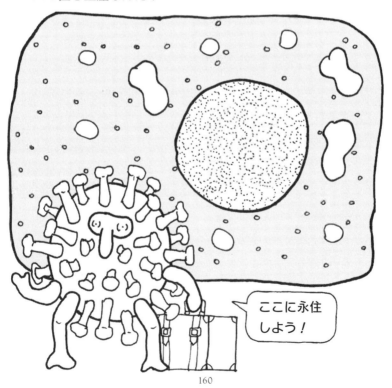

ここに永住
しよう！

　ここでさっきの第 2 の事実につながってくる。ヒトの
DNA の中にあるレトロウイルス遺伝子のほとんどは、再び
目覚めて新しいウイルスを作る能力こそ失っているが、中に
はいまだにたんぱく質（あらゆる生物に必要な働き者分子、
38 ページ）を作っているものもある。そしてときには、そ
のようなウイルスたんぱく質が宿主の細胞にとって役に立つ
こともある。とくに、君が子宮の中にいたときに君とお母さ
んをつないでいた胎盤、それを作るのに絶対欠かせないたん
ぱく質もその 1 つなんだ。

　それどころか、もしもそのレトロウイルス遺伝子がなかっ
たら、胎盤はけっして進化しなかったかもしれない。そして
もし胎盤が進化しなかったら、哺乳類はほぼ存在していなか
っただろう*。アリクイもヒヒも、ネコもイヌも、ゾウもミ
ツユビナマケモノも、シロナガスクジラもヒツジも、そして
僕らもいなかったんだ。

> まいったなぁ。オレたちウイルスがそんなにお前
> らに尽くしてたなんて。ちょっと負けた気分だ。

　自分のおかげだなんて言うなよ。どれもお前がやったこと
じゃないんだから。

＊カモノハシやハリモグラは問題ない。卵を産むので胎盤は必要ないからだ。

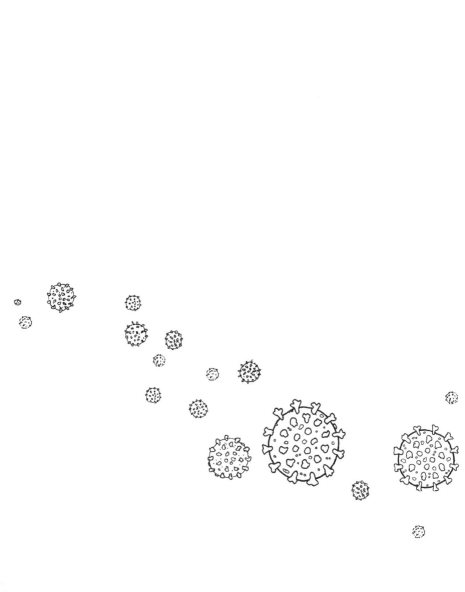

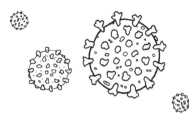

第9章

いま、僕らがウイルスに学ぶべきこと

よくも悪くも
ウイルスと共存するには？

　どう考えてもウイルスはへんてこなやつだ。ほとんどの生物学者は、ウイルスが生きているかどうかすら決めかねている。

「ウイルスは小さすぎるし単純すぎるから、生き物とはみなせない」って言っている人もいる。何しろ、細胞の外ではなんにもできないんだから。生き物というよりはまるで塩粒だ。しかも前に話したとおり、ウイルスの身体は、一番単純な生物の細胞よりもさらに単純だ。有名な生物学者のピーター・メダワー卿は、「ウイルスは悪いニュースをたんぱく質でくるんだようなものだ」と言った。

「たんぱく質でくるんだ」だって？ ピーターさんよ、あんたノーベル賞取ったらしいが、オレのエンベロープが脂質でできてるってことは忘れちまったのかい？ オレたちウイルスはあんたが考えてるほど単純じゃねえんだ。

　確かにそうだな。科学者がお前らウイルスのことを明らかにしようとするたびに、お前らはネチネチと新たな衝撃を突きつけてくる。変異してやり方を変えるか、さもなければ、どこからともなく新しいウイルスが出てきて、ルールを根こそぎ破っていくんだ。

巨大ウイルス登場

　2019 年、ほかのウイルスとはぜんぜん違う新たなファージたち（細菌に感染するウイルス）がたまたま見つかった。しかも、川や土や温泉の中、鉱山の採掘坑の底、さらには人間の口や便の中など、至るところに潜んでいた。
　それらの新たなウイルスでまず驚かされるのが、その巨大さだ。僕らの身体の中に棲み着いているほかのファージの

10 倍も大きいんだ（「巨大」っていうのはさすが
に大げさで、一番大きいものでも人間の赤血球の
10 分の 1 の大きさしかないけれど）。

○を大きさ 1 mm に拡大したとすると、
🦠の高さは 6 mm

赤血球の直径
は 6 cm

手に生えている毛の太さは 15 cm ⟶

　これらのとてつもなく大きいファージは、遺伝
子の数もすごく多い。人間の細胞の 2 万個には
およばないが、COVID-19 ウイルスの 20 ～ 30
倍もあるのだ。しかもそれらの遺伝子を使って、
予想外のとんでもないことをする。

　まるでちっぽけな技術者のように、感染した細
胞のからくりに手を加えて、宿主の DNA の一部
を切り落とし、細胞をプログラムしなおして意の
ままに操ってしまう。まさにまったく新しいレベ
ルのハイジャック技を身につけているんだ。

　しかも何と、これらのウイルスは独自の免疫系
まで備えているんだ！　ほかのウイルスが同じ宿

主細胞に押し入って同居しようとすると、巨大ファージはそれに気づいて、微小な"強力ばさみ"として働く分子を差し向ける。そしてすぐに敵のウイルスの遺伝子を切り刻んで、使えなくしてしまうんだ。

　たった数年前まで、ウイルスにそんな高度なことができるなんて誰一人思ってもいなかった。「ウイルスは単純だ」なんて本当に言えるんだろうか？　怪しくなってきた。

「ウイルスは生き物じゃない」って言っている人が挙げるもう１つの根拠が、すべてのウイルスが完全に居候生活をしていることだ。生き物である限り、自分の世話をして増殖できなければならない。自活していないといけないんだ。

　ということで、ここで最近見つかったばかりのさらに巨大なウイルス、メガウイルスを紹介しよう。こいつらは細菌でなくアメーバ＊に感染する。増殖するにはやっぱり細胞の助けを借りるしかないが、実際のウイルスの複製と組み立てのかなりの部分は自力でできるらしい。アメーバに感染すると、その中にウイルス工場という複雑な構造体を作る。すると一方の端から材料が取り込まれて、反対端から新たな遺伝子とウイルスたんぱく質が出てくる。まるで細胞の中の細胞だ。

　しかもこれらのメガウイルスも、さっきのファージに似た

＊アメーバは単細胞生物で、動き回っては、外膜を指のように突き出して餌を捕らえる。中には動物の腸の中に寄生するものもいる。

免疫系を進化させている。驚くなかれ、ウイルス工場を乗っ取ろうとする小さいウイルスから自分の身を守っているのだ。えっと思うかもしれないが、ウイルスもウイルスに感染することがあるんだ。

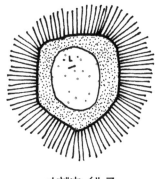

メガウイルス

　だからちょうどいま、きっと誰かのお腹の中には、人間に感染するアメーバに感染するウイルスに感染するウイルスがいるんだ。

　考えていると頭がくらくらしてくる。人間に依存した寄生体に依存した寄生体に依存した寄生体がいるのだ。だとしたら、それらの微生物の中には生きていると呼べるものがいるんじゃないの？　本当に自活した生命体って呼んだほうが理屈に合っているんじゃないの？

おいおい、お前らだって完全に自活してなんていねえだろ！　いつも植物とか動物を食ってないとすぐにへたっちまうじゃねえか。

　痛いとこ突いてきたな。僕たち人間は確かにいろんな生き物に依存してる。でも僕たちは間違いなく生きてるぞ。

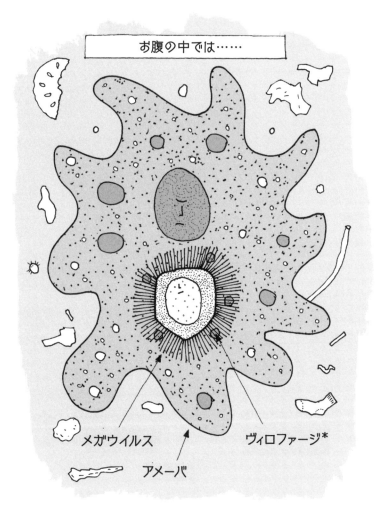

お腹の中では……

メガウイルス

アメーバ

ヴィロファージ*

*ヴィロファージとは、自分より大きいウイルスに感染した宿主細胞の中でしか増
　殖できないウイルスのこと。

　じゃあウイルスは生きているんだろうか？　厄介な謎がまた1つ増えてしまったらしい。

　ウイルスは生きてもいるし死んでもいるんだろうか？　細胞の外では死んでいるが、中に入るとピンピンに生き返って増殖を始めるんだろうか？　それとも、謎めいた生と死の狭間に立っているんだろうか？

　結局のところ、生物と非生物の線引きは人それぞれ違うのかもしれない。でも1つだけみんながうなずけるのは、ウイルスは実在していて、生物の世界の一部をなしていることだ。ウイルスはつねに至るところにいて、僕らの味方もいれば敵もいる。ウイルスを完全に避けることも、一掃することもできないとしたら、僕らを痛めつけてくるチャンスを潰しながら共存していく道を探すしかないのかもしれない。

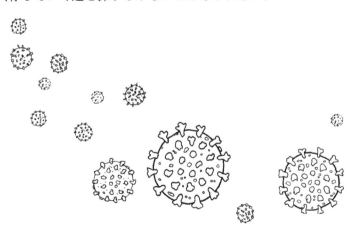

ウイルスは天気に似ている

　COVID-19 ウイルスは、人間の世界に押し入って暴れ回りはじめて以来、大勢の人を悲しませ、あたふたさせ、ときに怒らせてきた。どれほどの苦しみや混乱を引き起こしているかを考えれば、みんなの口からウイルスへの「反撃」や「戦争」といった言葉が出てくるのも当然だ。

　でもウイルスに宣戦布告するというのは、天気に宣戦布告するようなものだ。台風や洪水や吹雪から身を守るには、あらゆる手を打たないといけない。それと同じように僕らは、1回1回の大流行やパンデミックを撃退して自分たちの身を守らなければならないし、守ることができるのだ。

　今日の僕らは、自分たちの身体に襲いかかってくるウイルスに、昔の人たちよりもうまく立ち向かうことができる。

・昔はウイルスを見ることなんてできなかったけれど、いまでは検査キットや電子顕微鏡などいろんなハイテク科学機器を使って、その内部構造まで見ることができる。
・昔はウイルスのことはほとんどわかっていなかったけれど、いまでは研究室や病院で研究したり、振る舞いを調べたり、広まり方を明らかにしたり、僕らの行動を変えてウイルスの蔓延を遅くしたり食い止めたりできる。

・何千年ものあいだ治療法は１つもなかったけれど、いまではウイルスを避けるための治療薬やワクチンの開発が日々進歩している。

新たなパンデミックが起こるたびに、ウイルスへの対処法も少しずつ進歩している。でも台風が次々に襲ってくるのと同じように、病気を引き起こすウイルスも次から次へと登場するだろう。そして雨がつねに僕らを濡らそうと"企んで"いるのと同じように、ウイルスも僕らの細胞に侵入しようと"企んで"いる。でも雨を責めることはできないし、ウイルスも責めることはできない。そういうものなんだから。

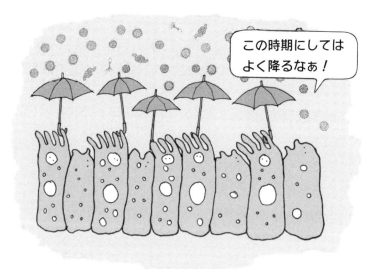

しかもウイルスの立場から世界を見れば、人間はたとえ強力な免疫系を持っていても、恰好の宿主であることは間違いない。地球上にすでに80億人近くいるし、赤ん坊がどんどん産まれている。ほとんどの人は都市で身を寄せ合って、ウイルスが簡単に飛び移れるような距離で暮らしている。しかも僕らが毎日通勤通学し、飛行機や船で人間や食糧などあらゆるものが世界中に移動しているおかげで、その気のあるウイルスなら全人類を感染させるのもけっして夢じゃない。

　しかも多くの人間はどんどん健康になっているし、栄養状態も上がっている。それは人間にとってだけでなく、ウイルスにとってもよいことだ。感染できる細胞が増えるんだから。

ウイルスと気候変動の両方と戦う

　竜巻や洪水や熱波を食い止めることはできないが、だからといって未来の気象に影響を与えられないわけじゃない。

　そもそも僕らはすでに、大気の組成を変えて地球をどんどん熱くしている。僕らが引き起こした気候変動によって天気の傾向が変わり、世界中の人間や野生生物が苦しめられている。しかも新たなウイルスすら広まりかねない。

　今後もっとひどい状況になるのを食い止めたいのなら、自分たちの行動を変えるしかない。交通や食糧生産、発電や工

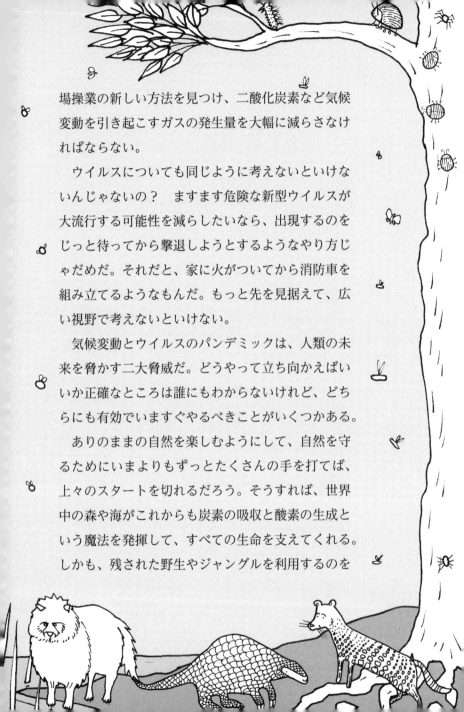

場操業の新しい方法を見つけ、二酸化炭素など気候変動を引き起こすガスの発生量を大幅に減らさなければならない。

　ウイルスについても同じように考えないといけないんじゃないの？　ますます危険な新型ウイルスが大流行する可能性を減らしたいなら、出現するのをじっと待ってから撃退しようとするようなやり方じゃだめだ。それだと、家に火がついてから消防車を組み立てるようなもんだ。もっと先を見据えて、広い視野で考えないといけない。

　気候変動とウイルスのパンデミックは、人類の未来を脅かす二大脅威だ。どうやって立ち向かえばいいか正確なところは誰にもわからないけれど、どちらにも有効でいますぐやるべきことがいくつかある。

　ありのままの自然を楽しむようにして、自然を守るためにいまよりもずっとたくさんの手を打てば、上々のスタートを切れるだろう。そうすれば、世界中の森や海がこれからも炭素の吸収と酸素の生成という魔法を発揮して、すべての生命を支えてくれる。しかも、残された野生やジャングルを利用するのを

やめれば、人間の世界に飛び移ってくるウイルスも少なくなるだろう。

　肉や乳製品を食べる量を多少減らすのも有効だ。ウシを飼う土地が減れば、野生生物の生息地に巨大牧場が浸食していってスピルオーバーが起こるのを防げるだろう。集約的な牧場は、環境にダメージを与える温室効果ガスも大量に発生させている。飛行機やトラック、船やほとんどの車もそうだ。炭素燃料を使った移動をできる限り控えれば、有害なガスの排出量を減らせるだけでなく、ウイルスが広まるスピードも遅くできるだろう。

　また、大気中の温室効果ガスが天気や気候に影響をおよぼす複雑なメカニズムをもっとずっと解明する必要があるのと同じように、ウイルスの素性をできる限り明らかにすることにも打ち込むべきだ。ウイルスが何ものでどうやって振る舞うのかがわからない限り、次の致死性ウイルスをおとなしくさせられる望みはないんだから。

　僕らの知識は日々少しずつ増えているけれど、解明しなければならないことはまだたく

さんある。

　そして、ウイルスから実際に学べることも
いくつかあるだろう。

> 何でも聞いてくれ。最強コロナウイルス
> に何なりと。

　本当にお前が助けてくれるとでもいうのか？　お前
が引き起こした悲劇はけっして元通りにはならない。
でももしかしたら、そこから何か明るい道が開けてく
るかも。

　生命は儚くてどんなものよりも貴重だっていうこと
に、僕らはようやく気づかされるのかもしれない。何
しろ、RNA とたんぱく質と脂質がほんのちょっとい
たずらしただけで、愛する人が奪われ、国じゅうの活
動がストップし、日々の生活が一変してしまうくらい
なんだから。

COVID-19 ウイルスは、僕らの足を引っ張って前に進めないようにしてしまった。でも僕らも、以前とまったく同じ生活スタイルに戻る必要はない。もしかしたらこのウイルスは、別の未来を見つめるチャンスを与えてくれているのかもしれない。誰もが医療と支援を受けられて、生きる希望を持てる、そんな未来だ。今日の気候変動が明日の大災害につながらないような、そんな未来だ。

人類の身に何が起こるか夜な夜な気にするような生き物は、僕ら人間だけだ。

だから僕らが変えるしかない。

もしもお前たちが絶滅したら、新しい住処を見つけるしかない。いつでもコウモリのもとに帰れたらなぁ……。

何とかなるさ。

でも、たいしたトラブルに巻き込まれずにこの地球上でウイルスと共存しつづける道を見つけたいんなら、本当にやらなきゃいけないことが1つある。

それは、ウイルスの謎を解きつづけることだ。

用語解説

ACE2 受容体　人間の身体を作る多くの細胞の外側に飛び出していて、血圧を正常に保つのに役立っている。コロナウイルスの中には、これを使って人間の細胞を認識して侵入するものがいる。

AIDS（後天性免疫不全症候群）　ウイルスが原因の病気で、身体の防御機能が弱くなる。

B 細胞　抗体を作る免疫細胞。

COVID-19　コロナウイルスのうちの 1 種が引き起こす感染症で、2019 年に初めて患者が見つかった。

COVID-19 ウイルス　COVID-19 を引き起こすウイルス。正式名称は重症急性呼吸器症候群コロナウイルス 2 型、縮めて SARS-CoV-2。

DNA（デオキシリボ核酸）　すべての細胞やすべての生物（RNA 遺伝子を持つ一部のウイルスを除く）の中で遺伝子を形作っている物質。

HIV-1　AIDS を引き起こすレトロウイルスの中でもっともありふれたもの。

RNA（リボ核酸）　DNA に似た構造の化学物質。すべての細胞の中に存在し、また一部のウイルスの遺伝子を形作っている。

T 細胞　白血球の一種で、感染体やときにはがんにきわめて特異的な攻撃を加える。

遺伝子　生物の一部をなしていて、細胞やウイルスや身体のある構造や機能をどのようにして作って働かせるかを記したマニュアルが入っている。ふつうは、ある決まった種類のたんぱく質分子の生成をコントロールしている。

いぼ　手足にできる感染性のできもの。

インターフェロン　サイトカインの一種で、おもにウイルスに感染した細胞が生成する。

ウイルス　別の生物の細胞の中でしか増殖できない小さな病原体。

疫学者　エピデミックを研究する科学者。

エピデミック　同じ場所で同時に大勢の人が同じ感染症にかかること。

記憶細胞　B細胞やT細胞のうち、何か月または何年も生きつづけて、以前に身体に侵入した病原体への免疫反応を素早く引き起こせるもの。

気候変動　人間の活動によって大気中に二酸化炭素やメタンなどの温室効果ガスが蓄積し、地表が温暖化することで発生するさまざまな深刻な問題。

寄生体　別の生物の表面や体内に棲み着いて、宿主から餌などの恩恵を受けるが、何のお返しもしない生物。

菌類　キノコ、酵母、カビ、水虫菌など。いずれも、朽ちたものやほかの生物を餌にする。

抗ウイルス薬　ウイルスの感染を治療する薬。

光合成　太陽光エネルギーを使って二酸化炭素と水を糖と酸素に変換する化学プロセス。

抗生物質　細菌の感染を治療する薬。

抗体　B細胞が作る分子で、免疫系を脅かす物質（抗原）を認識してそれに取りつく。

コロナウイルス　人間や動物に病気を引き起こす一群のウイルス。ほとんどは気管の細胞に感染する。

細菌　単細胞生物の大きなグループで、かなり多様な種を含む。

サイトカイン　免疫系の細胞どうしが情報を伝え合うのに使う化学物質。

細胞　明らかに"生きている"最小の存在。単細胞生物として、または動植物や菌類の一部として生きている。

シアノバクテリア　光合成できる細菌。

指数増殖　個体数の増えるスピードがどんどんと速くなっていくこと。各世代の個体数が1つ前の世代のちょうど2倍であれば、指数的に2倍2倍

となっていく。

自然選択　進化を促すプロセス。環境に適した特徴を持って生まれた個体は、生き延びるチャンスが高くなる。そのような個体がより多くの子孫を産み、その特徴が広まっていく。

宿主　寄生体や病原体が中に棲み着いている（感染している）細胞や身体。

食細胞　ウイルスや細菌、または自身の身体の死んだ細胞などを丸ごと飲み込む細胞。

進化　生物の外見や振る舞いが年月をかけて徐々に変化すること。

スピルオーバー(種間伝播)　ウイルスなどの病原体がある種の宿主から別の種の宿主に乗り移ること。

成層圏　地表から10～50キロに広がる、風が強くて冷たい大気層。

赤血球　肺から身体中の細胞に酸素を運ぶ円盤形の細胞。

増殖　ウイルスや細胞の正確なコピーを作ったり、次の世代の個体を作ったりすること。

増殖率　個体数が増えるスピード。各世代が1つ前の世代よりどれだけ増えるかを計算するのに使われる。

藻類　植物ではないが光合成できる生物。ほとんどは水中に棲む単細胞生物や海藻。

胎盤　母親の子宮の中に作られて、母親の血液から胎児に酸素や栄養分を受け渡す構造体。

たんぱく質　すべての生物に欠かせない大型分子。細胞やウイルスの中で、構造を作ったり、化学反応をコントロールしたり、メッセージをやり取りしたりと、さまざまな機能を担っている。

地球温暖化　気候変動を見よ。

電子顕微鏡　とてつもなく小さい物体を見ることのできる超高倍率の顕微鏡で、光の代わりに電子のビームを使う。

ヌクレオカプシドたんぱく質　一部のウイルスが持っている化学物質で、ウイルスの内部に収まるよう遺伝子を巻きつけて保護している。

粘液　口や鼻、のどや消化器など、傷つきやすい表面を守るために身体が作り出す、ねばねばしたどろどろの液体。

肺炎　肺に液体が溜まって適切に呼吸できなくなる重い病気。

バクテリオファージ　細菌に感染するウイルス。"ファージ"と略すこともある。

白血球　免疫系を構成する細胞。骨髄で作られて血液に乗って移動し、身体のほぼあらゆる部位を守る。

パンデミック　エピデミックが複数の大陸または世界中に広がること。

微生物　小さすぎて顕微鏡でないと見えない生物。

病原体　感染を引き起こすもの。

ファージ　バクテリオファージを見よ。

プランクトン　水中に漂っている何兆匹もの生物の総称。

変異　遺伝子の構造が変化すること。その変化が子孫に受け継がれることもある。

膜　すべての細胞や一部のウイルスを包んで保護している、脂質とたんぱく質の分子でできた薄い層。

免疫　特定の感染に抵抗する身体の能力。

リボソーム　すべての細胞の中に存在していて、遺伝子のマニュアルをたんぱく質分子に変換する構造体。

ワクチン　本物の感染をまねて免疫反応を引き起こすために体内に注入する物質。本物の病原体に対する防御が長期間続く。

謝辞

　この本は4か月足らずで構想から完成までこぎつけた。素晴らしい協力者たちがいなかったら不可能だっただろう。

　先見性を備え、たゆみない努力を重ね、つねにアイデアを提供し、自信を取り戻してくれるような的を射た指摘をしてくれた編集者のヘレン・グレートヘッドには、果てしなく感謝する。アリソン・ギャズビーにもとてつもなく感謝する。どんどんと増えつづける大量の文章と挿絵を、記録的なスピードとつねに最高のユーモアで見事にきれいにまとめてくれた。抜け目なく編集に取り組んで最後まで見事にプロジェクトを管理してくれたアンソニー・ヒントンにも大いに感謝する。すさまじいペースで編集を手伝ってくれたジュリア・ブルースとジェニー・ローマンにも感謝する。着手から完成まで陣頭指揮に当たってくれたリズ・クロスと、このようなノンフィクションの書き方を思いついて僕らの腕を信頼してくれたデイヴィッド・フィックリングに深く感謝する。このノンフィクションの構想を実現するうえでは、マイケル・ホルヨークの支えが欠かせなかった。さらに、陰で必死に取り組んでくれたDFBチームのブロン、ロブ、フィル、ロージー、メギー、ジャスミン、レイチェルにも感謝する。素早い変わり身で深い専門知識を提供してくれたジョナサン・シュトイーと、忍耐強く支えてくれてあんなに見事なはしがきを書いてくれたポール・ナースにもとてつもなく感謝する。

ベン：忍耐強く励ましてくれて愛情を注いでくれた家族、とくにキャルに猛烈に感謝している。大げさじゃなく、もしも彼女がいなかったらこの本は完成していなかっただろう。

著者、イラストレーター、訳者紹介

[著者] **ベン・マルティノガ**（Ben Martynoga）
生物学者でサイエンスライター。脳細胞の構造の研究に10年間取り組んでから、白衣をペンに持ち替えた。それ以来、最新テクノロジーから、野生の回復、ランニング、ストレス、創造性、微生物、科学史まで、ありとあらゆるテーマの文章を書いている。科学研究をできるだけわかりやすく正確に伝えることをつねに心がけながら、書籍や記事、ブログ、動画、ポッドキャストの制作と編集に携わっている。科学フェアや教室など至るところで、老若男女を相手に科学やその重要性について積極的に伝えている。『ガーディアン』『ニュー・ステーツマン』『i』『フィナンシャル・タイムズ』など多くの新聞雑誌に寄稿している。イングランドの湖水地方で暮らし、仕事をし、散歩し、思索にふけっている（たいていは全部いっぺんに）。

[イラスト] **ムース・アラン**（Moose Allain）
アーティストでイラストレーター。イングランド南西部に暮らして仕事をしながら、しょっちゅうツイートしている（フォロワー数12.7万人）。子供たちが絵を描くきっかけをつくるために、ワークショップを開催し、線描や彩色についての本やオンラインガイドを制作している。つねに何かしらの面白いプロジェクトに目を向けていて、ロックバンド、エルボーのシングル『ロスト・ワーカー・ビー』のミュージックビデオの制作に参加したり、メキシコシティの美容室の壁面をデザインしたりもしている。今挑戦したいことはスタンダップコメディー。イギリスの雑誌『プライベート・アイ』にマンガを連載中。

[訳者] **水谷淳**（みずたに・じゅん）
翻訳者。主に科学や数学の一般向け解説書を扱う。主な訳書にジョージ・チャム、ダニエル・ホワイトソン『僕たちは、宇宙のことぜんぜんわからない』、グレゴリー・ザッカーマン『最も賢い億万長者』（ともにダイヤモンド社）、ジム・アル＝カリーリ、ジョンジョー・マクファデン『量子力学で生命の謎を解く』（SBクリエイティブ）、レナード・ムロディナウ『この世界を知るための 人類と科学の400万年史』（河出書房新社）、マックス・テグマーク『LIFE 3.0 人工知能時代に人間であるということ』（紀伊國屋書店）など。著書に『科学用語図鑑』（河出書房新社）。

絶対にかかりたくない人のためのウイルス入門

最新研究×イラスト図解で超わかりやすいウイルスのすべて

2020年12月8日　第1刷発行

著者

ベン・マルティノガ

イラスト

ムース・アラン

訳者

水谷淳

発行所

ダイヤモンド社

〒150-8409　東京都渋谷区神宮前6-12-17
https://www.diamond.co.jp/
電話／03-5778-7233（編集）
03-5778-7240（販売）

ブックデザイン

杉山健太郎

校正

鷗来堂

製作進行

ダイヤモンド・グラフィック社

印刷

勇進印刷（本文）・加藤文明社（カバー）

製本

ブックアート

編集担当

廣畑達也